최고의 엔지니어는
어떻게 성장하는가

최고의 엔지니어는 어떻게 성장 하는가

다쿠미 슈사쿠 지음
김윤정 옮김

일류 기술사가 알려주는 엔지니어 성장 로드맵

다산사이언스

엔지니어의 성장 전략

당신은 엔지니어라는
멋진 직업을 골랐다

이 책을 손에 든 당신은 이미 엔지니어이거나 아니면 엔지니어가 되려는 사람일 것이다. 엔지니어는 새로운 아이디어를 생각해 내고 거대한 혁신을 일으킬 수 있는 직업, 당신의 꿈을 이룰 수 있는 멋진 직업이다. 그러니 엔지니어를 선택한 당신의 판단은 옳다. 자신을 가져도 좋다.

다만 당신이 이제 막 엔지니어가 된 상태라면 아직 원석과 다름없다. 장래에 밝게 빛날 가능성을 가진 원석 말이다. 그래서 이 책을 통해 원석을 보석으로 바꿔줄 '엔지니어의 성장 전략'을 알려주고 싶다. 이 전략은 다른 누구를 위한 것이 아닌, 당신 자신을 위한 것이다.

엔지니어라는 직업이 때로는 힘들 때도 있을 것이다. 하지만 최첨단 기술을 자유자재로 다루고 지혜를 교환하며 안전하고 쾌적한 사회 만들기에 공헌할 수 있는 굉장한 직업은 엔지니어 밖에는 없다. 그러니 꼭 보석이 되어 여러분의 꿈을 실현하길 바란다.

엔지니어를 둘러싼 환경은 사실 좋지 않다. 언제나 더 좋은 품질을 요구당하고, 치열한 비용 경쟁을 치러야 한다. 과거에는 기술을 가진 사람은 평생 잘 먹고 살 수 있었지만, 이제는 똑같이 구조조정이라는 현실 속에서 전전긍긍하며 업무를 해나가야 한다.

이 사회가 원하는 엔지니어는 자신의 판단으로 자신의 인생을 설계하고, 이를 PDCA^Plan-Do-Check-Act로 재검토하면서 자신의 꿈을 실현하는 적극적인 엔지니어다. 자신의 흥미와 능력, 꿈, 특기 등을 일을 통해 발현하는 것, 이것이 4차 산업 시대가 바라는 엔지니어의 상이다.

이것이 내가 이 책을 쓰게 된 계기다. 이 시대에 맞는 엔지니어가 될 수 있도록, 하루가 다르게 발전하는 기술 속에서 끊임없이 자신을 계발하고 즐겁게 배우면서 설계대로 인생을 걸어갈 방법을 구체적으로 알려주려 한다.

파리에는 프랑스의 명물인 에펠탑이 있다. 모르는 사람은 없을 것이다. 실물은 보지 않았어도 TV나 사진, 인터넷으로 거의 모든 사람이 외관은 보았을 테니까.

하지만 이 에펠탑의 이름의 유래를 아는 사람은 과연 몇이나 될까? 전동 크레인이 없었던 시대에 높이 300m 이상의 탑을 세우려는 생각은 말도 안 되는 아이디어였다. 하지만 이 아이디어를 실제 실현하려고 했던 건축가(엔지니어)가 있었다. 알렉상드르 구스타브 에펠Alexandre Gustave Eiffel. 에펠탑의 설계자이며 공사를 의뢰받은 건설회사 에펠사의 사장이다.

1832년에 태어난 에펠은 건축물의 구조설계가 전문인 엔지니어다. 1866년에 자산가인 후배와 함께 에펠 사社를 설립. 이후 만국전시장, 역사 홀, 교회 구조, 가스 공사, 고가 철도 다리, 가반교(조립교), 가동교(개폐교), 천문대의 돔형 천장 등 다양한 철골 구조 건축물을 다수 세웠다.

철은 19세기의 기술을 상징하는 대표적인 상징물로, 당시는 바야흐로 석재에서 철재를 사용한 건축물로 이동해가는 시기였다. 암석에 비해 가벼우면서도 강인한 철의 특성 덕에 기초 공사를 크게 단순화할 수 있었다.

당시는 전기 용접 기술이 없던 시대였지만, 리벳으로 철골재를 접합하는 것은 가능했다. 따라서 공장에서 정확한 규격으로 제조한 철골재를 리벳으로 접합해 건축물을 완성했다. 에펠탑은 2년 2개월이라는, 당시 기준으로는 경이적일 정도로 짧은 기간 안에 공사를 마쳤으며 더불어 단 한 건의 사망 사고도 없었다.

나아가 에펠은 1903년 70세를 넘은 나이에 바람 제어에 관한 연구에 몰입한다. 지적 호기심이 왕성했던 그는 바람에 관한 연구 체계를 수립해, 바람을 시각화하는 데에 어느 정도 성공한다. 그의 연구는 1903년 라이트 형제의 실험으로 이룩한 항공기의 진보에도 크게 공헌했다. 그리고 1923년, 직접 설계한 파리의 자택에서 91세의 나이로 숨을 거둔다. 계획적으로 자신의 인생을 산, 그야말로 누구나 꿈꾸는 엔지니어 인생을 살다 간 에펠이었다.

물론 실패한 적도 있었다. 1884년, 에펠은 자신이 설계한 도루Douro 강의 에보 고가 다리가 건설 도중 붕괴하는 대사건을 겪어야 했다. 이 사건으로 건설 현장에서의 안전 관리에 깊은 관심을 두게 되었고, 그 덕분에 에펠탑 공사에서는 희생자가 한 명도 나오지 않았다. 실패를 겪되 같은 잘못을 반복하지 않고 다음 단계를 생각하는 것. 이것도 엔지니어가 배워야만 하는 자세다.

기술자＝엔지니어다. 그렇다면 엔지니어란 무엇인가? 한마디로 말하자면 발명하는 사람이다. 엔지니어Engineer의 Engine- 부분의 어원은 라틴어 ingenium에서 왔는데, 이 단어의 -gen- 부분의 뜻은 '낳다'는 의미다. 같은 어원으로 Ingenious(독창적인)라는 단어도 있다. 참고로 1818년 영국에서 결성된 세계 최대 토목공학회에서는 엔지니어링(공학)을 '자연에 있는 거대한 동력원을 인간에게 도움 되는 형태로 지배하는 기술'이라고 정의 내렸다.

이 책에서는 오늘을 사는 엔지니어에게 어떻게 계획을 세워야 엔지니어로서 보람을 느끼며 인생을 보낼 수 있는가를 제안한다. 더 자세히 말하자면, 엔지니어이기에 계획을 세운다기보다 그야말로 자신의 인생을 설계하는 방법을 제시한다.

정보화 사회라고 불리는 오늘날, 지식 그 자체의 가치는 상당히 떨어졌다. 하지만 늘어난 정보, 지식을 이용해서 새로운 것을 만들어내는 지혜 또는 응용 능력의 가치는 떨어지지 않았다. 아니 오히려 올라갔다고 해도 좋다.

조합할 수 있는 퍼즐의 양이 증가한 만큼 필요한 조각을 골라내 조화롭게 맞추는 능력은 정말로 중요하다. 이러한 능력을 키우기 위해서는 무엇을 어떻게 해야 할까.

이 책의 목표는 당신이 엔지니어 인생을 설계할 때 가장 근본이 되는 길잡이 설계서가 되는 것이다. 목적과 기능을 명백히 밝히고 합리적으로 당신의 재능과 좋아하는 것을 표현할 수 있도록 하려면 어떻게 해야 하는지에 집중한다.

이 책의 구성을 소개하기 전에 먼저, 각 장은 유기적이지 않으므로 어느 장부터 읽어도 상관없음을 알려둔다. 책을 전부 읽을 필요도 없이 읽고 싶은 부분을 골라 읽으면 된다. 마음 가는 대로 띄엄띄엄 읽어도 괜찮다. 책을 쓴 사람이 하는 말이라기에는 이상하게 들릴지도 모르겠지만, 당신에게 차분히 책을 읽을 시간이 있겠는가? 중요한 것은 읽은 뒤의 실천이다.

제1장에서는 스스로 인생을 설계하는 행위가 가져올 결과와 그 중요성에 대해 이야기한다. 또 우리가 지향점으로 삼게 될 파이π형 엔지니어의 의미를 설명하고 엔지니어라면 반드시 지켜야 하는 것들에 관해 설명한다.

제2장에서는 자신을 분석해 어떠한 유형인지를 알고 이후 어떤 능력을 키워야 하는지를 논한다. 이 발상법은 젊을 때 몸에 익히는 것이 좋다. 나이가 들어서도 익힐 수는 있지만 시간이 걸린다.

제3장은 독서 등을 통해 지식을 얻는 행동의 중요성을 이야기한다. 엔지니어에게는 필수 지식인 지식재산권에 대해서도 간단히 설명한다.

제4장은 커리어 향상을 위한 이직을 다루는데, 안이한 이직은

절대로 추천하지 않는다. 이 부분은 절대로 오해하지 않았으면 한다. 또한, 최근 조금씩 증가하는 여성 엔지니어를 위한 응원의 말도 들어 있다. 나아가 독립이나 기술사 자격증에 관한 간단한 설명도 곁들였다.

　제5장에서는 MOT의 중요성과 기술자 윤리를 이야기한다. 제6장은 지금까지의 엔지니어론 전반을 다양한 시점으로 정리하는 장이다.

　이 책이 젊은 엔지니어 그리고 중간 관리직에 있는 엔지니어 모두에게 엔지니어 인생 설계를 위한 좋은 길잡이가 될 수 있기를 바란다.

2017년 4월 다쿠미 슈사쿠

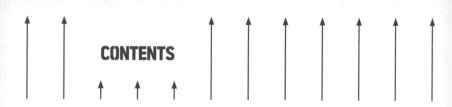

CONTENTS

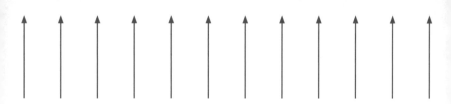

CHAPTER 3
필요한 능력에 포인트 더하기

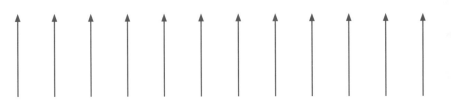

CHAPTER 4

커리어를 높이기 위한 '이직'

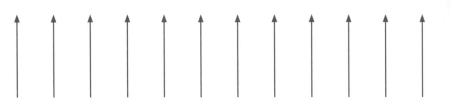

엔지니어에게 좋은 자격 | 프로필에 쓰면 안 되는 자격 | 기술사가 된다는 것의 의미 | 기술사 시험은 이런 것이다

CHAPTER 5
일류 엔지니어의 시선으로 도약하라

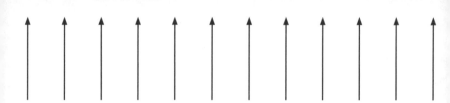

비전문가와의 소통에 능숙해야 하는 이유 | 60층 높이의 빌딩이 붕괴 위기에 처하다 | 어느 학생의 질문, 뒤늦게 알게 된 사실 | 핵심 정보를 쉽고 빠르게 전달해 최악의 상황을 막다 | 사전 대책과 우수한 기술력으로 대응하다 | 행동이 평가받아 보험료가 인하되었다

CHAPTER 6
진짜 난관은 기술 문제가 아니다

어리석은 사람은 자신이 현명하다고 생각하고
현명한 사람은 자신이 어리석은 사람임을 알고 있다.
-셰익스피어, 「뜻대로 하세요」, 제5막 제1장(후쿠다 쓰네아리 옮김)

'성장'하는
엔지니어에게
있는 것

Section 1
엔지니어의 기준이 변하고 있다

엔지니어 인생을 의미 있게 보내려면

당신은 엔지니어의 삶이 어떨 것이라고 생각하는가? 여러 가지로 말할 수 있겠지만 기본적으로 엔지니어는 다음에 나올 새로운 기술을 끊임없이 배워야 한다. 스스로가 과학기술의 발전 속도를 따라가지 못하는 순간, 즉시 도태되기 시작하는 것이 엔지니어의 숙명이다. 즉, 평생 꾸준히 공부해야만 하는 인생인 것이다. 이런 인생을 선택한 당신에게는 좀 더 효율적으로 배우고 즐겁게('편하게'라는 뜻은 아니다) 엔지니어 인생을 보낼 방법이 필요하다.

당신이 엔지니어로서 행복하게 살고 멋지게 성장하길 진심으로 바란다. 그리고 본인, 가족, 일하는 회사와 조직, 사회 전체에 이

바지하는 무언가를 만들어내길 바란다. 물론 당신의 전공 분야를 살려서 말이다.

I형에서 T형, 그리고 π형으로 성장하라

일본 기술사협회는 현재 엔지니어의 성장 과정을 세 단계로 정의하고 있다. 일본 기술사협회는 기술사 제도의 보급, 계발을 위해 설립된 공익법인으로, 지난 2011년 창립 60주년을 맞아 과학 기술 향상과 국민경제 발전에 기여할 것을 목표로 삼았다. 그 일환으로 엔지니어의 성장 과정을 정의했다.

각 단계를 살펴보면 1단계는 전문 분야에 정통한 I형 엔지니어(20대), 2단계는 전문 이외로도 넓은 시야를 가진 T형 엔지니어(30대), 3단계는 자신의 전문이 아닌 영역(근접 영역)에도 나름대로 지식을 가진 π형 엔지니어(40대)다. 물론 기준 연령은 예시일 뿐이고, 소속된 조직에 따라서는 퇴직할 때까지 한 부서에서 같은 업무를 볼 수도 있다. 하지만 협회가 정한 성장 과정 단계는 다년간 업무를 통해 쌓은 경험뿐 아니라 스스로 적극적으로 배우고 깊이 연구한 경험도 포함한다. 그러니 그야말로 제대로 된 엔지니어로 평생을 일하고 싶다면, 자기계발을 멈춰서는 안 된다. 만약 이것이 싫은 사람이라면 엔지니어가 되지 않는 편이 낫다. '알고 싶다',

'조사하고 싶다', '왜 그럴까?' 같이 강렬한 지적 호기심이 없는 사람에게 엔지니어라는 직업은 고통일 뿐이다. 이는 기술사뿐 아니라 모든 엔지니어에게 공통으로 해당하는 이야기다.

왜 π형 엔지니어인가?

왜 π형 엔지니어에 π를 썼을까? 'π' 문자 모양대로 생각해 보면 두 가지 전문(세로로 긴) 외에도 넓고 얕은(가로 선) 지식이라는 뜻이다.

하지만 오해하지 말자. 넓고 얕은 지식에 두 가지 전문 분야를 마스터하면 다 π형 엔지니어가 된다는 뜻은 아니다. 기술사협회에서도 그렇게 말하지 않는다. 오히려 원주율에 끝이 없는 것처럼 끝없이 배움을 계속하는 엔지니어이길 바라는 의미가 담겨 있다. 몇 시간이고 계속되는 원주율을 보면 조금 질릴 때가 있는데, 기술 역시 그렇다. 기술의 진보에도 끝은 없으니까. 엔지니어의 길을 가기로 결정했다면 체력이 남아 있는 한, 일생이 끝날 때까지 공부하고 생각하는 것을 기쁨으로 받아들이자.

여기서 자주 듣는 질문에 답하고자 한다.

"자신의 전문 분야를 깊이 파고들어야 함은 이해했습니다만, 두 번째 분야로 무엇을 배우면 될까요?" 이런 질문을 정말 많이 받는다. 기술사 수험생을 대상으로 한 강좌에서도 학생들이 자주 묻는 단골 질문이다. 이렇다 할 정답은 없으니 스스로 생각해야겠지만, 내 경우는 주로 질문한 학생에게 기술의 역사를 배울 것을 추천한다. 특히 사고와 실패의 역사를 말이다. 역사를 배우면 그 기술이 왜 필요했는지, 또 어떻게 발명되고 진화했는지를 잘 알 수 있다.

어떤 사람은 'π'의 두 번째 획은 경영을 뜻한다고 말한다. 틀린 답은 아니지만, 기술이란 위험한 것을 안전하게 사용하기 위한 지식 체계임을 떠올려주기 바란다. 더불어 기술자의 윤리가 '안전한 제품을 만들기 위해 전력을 다하는 것'이라면, 사고와 실패를 조사하고 연구하는 것은 엔지니어로서 살아가기 위해 필수불가결한 일이다. 이를 위해 자신의 전문 영역과 관련한 기술들의 역사를 배우는 것은 중요하다.

목표는 π형 엔지니어

두 다리의 엔지니어가 된다는 것은

조직 안에서 개발이나 공정을 개선하려 할 때면, 항상 이익이나 안전성, 비용, 납기 같이 상충하는 요소가 엔지니어의 어깨를 짓누른다. 애초에 기술이란 위험한 것을 다루는 일이니만큼 상충 요소가 없는 것이 더 이상하다. 더불어 돈이 들지 않는 개발은 없으니 비용의 압박을 받는 것도 당연하다.

그래서 엔지니어는 아이디어의 실현을 가로막는 요소들 사이에서 항상 고뇌해야 한다. 완전히 상반된 요소들과 충돌하지 않으면서도 기술적인 아이디어를 잘 담아내는 방법을 찾아야 한다.

더불어 새로운 아이디어에는 항상 반대 의견이 나오기 마련이다. 특히 참신하고 전례가 없는 아이디어일수록 많은 사람이 반대한다고 생각하는 편이 좋다. 아니, 반대하는 사람이 나타날 거라고 처음부터 가정하고 어떤 반대 의견이 나올지를 예측하자. 사전에 반대 의견에 대해 반론하는 것을 연습해 본다면 나중에 실제로 그런 일이 일어났을 때 잘 극복할 가능성이 커진다. 검증을 위해서라도 새로운 아이디어를 낼 때는 반드시 이 과정을 거쳐야 한다.

두 다리의 엔지니어란 그 상반하는 두 가지 개념을 나타내는 사고법이기도 하다. 두 가지 전문 분야를 다룬다는 뜻만이 아니다.

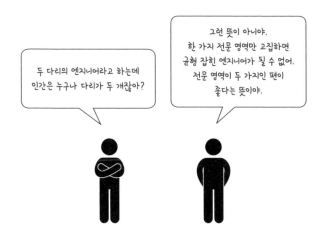

트레이드오프 관계를 활용하는 센스가 필요

트레이드오프trade off를 사전에서 찾아보면, 모순, 이율배반, 교환(조건), 타협점, 대가, 보상, 거래 등의 의미를 가진 단어임을 알 수 있다. 또는, '복수의 조건을 동시에 만족할 수 없는 관계'라고 말해도 좋다. '이것은 트레이드오프 관계'라는 식으로 사용한다.

항상 그렇다고 볼 수는 없지만, 대체로 상반하는 두 개의 조건을 충족하기 위해서는 트레이드오프를 활용한 문제 해결 방식이 유효하다. 제2장에서 소개할 TRIZ라는 방법에도 트레이드오프 요소를 많이 발견할 수 있다. 물론 완전히 새로운 제3의 길을 찾아내는 방법도 있지만, 대부분 한 쪽을 조금 희생(포기)하는 대신 중요한 쪽을 만족시키는 방법을 취할 것이다.

사람을 태우고 이동하는 교통수단을 예로 들어 간단히 설명한다면, 차든 비행기든 가벼울수록 연비가 좋다. 하지만 가벼울수록 강도가 떨어지기 때문에 사고에 취약하다. 가볍고 단단한 소재, 예를 들어 티탄합금으로 자동차를 만들면 앞의 문제들은 해결되지만 가격대가 너무 높아져 판매할 수 없다. 이럴 때 어디에서 타협점을 찾아야만 하는가? 이 문제를 해결하기 위해 엔지니어는 머리를 써서 최적의 해결책을 찾아야만 한다.

Section 3

전문 지식만으로는 살아남을 수 없다!

전문 분야에만 매달리는 고집의 무서움

엔지니어 중에는 '고집스러운 사람'이 많다. 물론 그 고집이 좋은 방향으로 작용해 결국에는 그 고집 덕분에 조직이 이익을 얻을 때도 있다.

'뛰어난 고집'과 어울리는 분야에는 무엇이 있을까. 수제 공예품이나 고급 액세서리, 고급 문방구, 가구 등을 떠올릴 수 있겠다. 고집은 만드는 쪽에서 봤을 때 굳이 말하자면 좋은 이미지의 단어다. 하지만 그 고집이 때로는 인간의 판단력을 흐리게 할 때도 있다.

1960년대 세계 손목시계 시장은 스위스가 독점했다. 특히, 명품 손목시계 항목은 스위스 제품이 글로벌 시장의 65% 이상을 점유 중이었다. 정확한 손목시계를 원하는 사람은 누구나 스위스제를 샀다. 하지만 스위스 시계 메이커들은 최고의 위치에 안주하지 않고 초침을 발명하고 방수구조를 갖춘 최고의 기계식 자동 태엽 시계를 처음으로 고안했다. 즉, 제일 앞서 달렸음에도 안심하지 않고 항상 변혁, 변화를 추구했던 것이다.

1968년 손목시계 시장 데이터를 보면 판매량으로 세계 시장의 67%, 매출액으로는 80%를 점해 2위 이하와 엄청난 격차를 벌렸다. 하지만 12년 뒤 1980년 데이터를 보면 손목시계 시장의 점유율에 엄청난 변화가 일어났음을 알 수 있다. 판매량 점유율은 67%에서 10%까지 하락했고, 매출액도 20% 이하를 기록했다.

이 사태로 '손목시계는 스위스제'라는 긍지로 손목시계를 만들어온 스위스의 시계 장인들이 직격탄을 맞았다. 1979년부터 1981년, 약 2년 사이에 스위스에 있던 6만 2천 명이 넘는 손목시계 장인들 중 5만여 명이 일자리를 잃었다. 생업을 유지할 수 있었던 장인은 1만 2천 명 가량으로 전체의 20%에 불과했다. 당시 스위스의 인구는 500만 명 정도였는데, 이 사태가 스위스 사회에 끼친 영향이 얼마나 컸을지 짐작조차 하기 어렵다.

스위스 시계 시장에 닥쳐온 위기

이 엄청난 지각변동이 일어나는 사이, 스위스를 대신해 시장 점유율 1위에 오른 나라가 일본이다. 일본 시계 제조사들(세이코, 시티즌 등)은 1960년 후반에 이미 스위스 시계 제조사들과 어깨를 나란히 할 정도의 기술력을 보유하고 있었지만, 시장점유율은 1%에 지나지 않았다. 그때까지도 손목시계는 액세서리라는 인식이 강해 '명품 스위스 시계'의 브랜드파워를 이길 수가 없었다. 하지만 일본은 당시 세계 최고 수준이던 일렉트로닉스 기술을 활용해 일본제 손목시계 시장에 활력을 불어넣었다.

일본이 개발한 쿼츠 시계는 태엽이나 베어링이 없다. 심지어 톱니바퀴도 거의 없다. 스위스의 시계 장인은 배터리만 넣으면 움직이는 단순한 시계는 "시계가 아니"라고 생각했지만 일본의 시계 제조사들은 달랐다. 그들은 쿼츠 발진기水晶 發振器, quartz oscillator(수정의 특수한 성질을 이용해 정확하고 일정한 주기로 신호를 발생시키는 장치-옮긴이)에서 일본 시계 산업의 도약 가능성을 발견했다.

만약 고집을 버렸다면

안타까운 일이지만 스위스 시계 제조사들에게 미래를 내다보는 혜안이 있었더라면 이 비극을 완전히 피해갈 수 있었을 것이다.

전통적인 구조의 손목시계 제작에만 매달렸던 '고집'이 세계 손목시계 시장에 부는 변화의 바람을 눈치 채지 못하게 만들었다.

쿼츠(수정)의 압전 효과壓電效果, piezoelectric effect(특정 물질에 압력을 가하면 전기를 발산하거나 반대로 전기를 주입하면 모양이 변하는 현상-옮긴이)을 활용한 수정 발진은 1920년대에 영국 왕립물리학연구소와 미국의 벨연구소에 의해 발견되었고, 스위스 사람들도 수정 발진 연구를 통해 획기적인 성과를 얻은 상태였다. 뇌샤텔 시계 연구 센터에서 전기적 자극을 가하면 정확한 주기로 진공하는 수정의 특성을 손목시계에 응용하는 데 성공했기 때문이다.

이윽고 뇌샤텔 시계 연구 센터가 1967년 세계 시계 회의에서 쿼츠 시계를 전시하기로 결정했을 때, 일본의 시계 제조사인 세이코가 여기에 뛰어들었다. 하지만 스위스 시계 제조사들은 기계식 시계의 정밀도를 높이는 데만 '고집'을 부린 나머지 쿼츠 시계를 만들지 않았다. 제작자의 '고집'이 나쁜 결과를 끌어낸 전형적인 사례다.

세이코는 1969년 세계 처음으로 쿼츠 시계 '아스트론Astron'을 발매한다. 여기에 얽힌 뒷이야기가 있다. 이것은 5장에서 언급하겠다.

고집을 부릴 때는 거대한 것에 부려라

이번에는 정반대의 예를 소개하고자 한다.

1930년경 미국에서는 이미 자동차가 널리 보급되어 있었고, 이 때문에 자동차 배기가스로 인한 대기 오염이 무척 심각했다. 그래서 1970년 에드먼드 머스키Edmund Muskie 상원의원의 제안으로 대기 정화법 개정안을 작성하고 의회를 통과시켰는데 이것을 통칭 '머스키법'이라고 부른다('대기 정화법'으로 번역될 때도 있다).

머스키법의 핵심 내용은 다음과 같다.

▶ 1975년 이후에 제작되는 자동차의 배기가스 중 일산화탄소CO, 탄화수소HC의 배출 기준을 1970~1971년 대비 10분의 1 이하로 낮춘다.

▶ 1976년 이후에 제작되는 자동차의 배기가스 중 질소산화물NOx의 배출 기준을 1970~1971년 대비 10분의 1 이하로 낮춘다.

이러한 규제를 의무화해 기준을 충족하지 못하는 자동차는 시행일 이후 판매를 금하는 법안이었다.

이 법은 당시 세계에서 가장 엄격한 환경기준으로, 이 기준에 따르려면 1970년을 기점으로 5년 이내에 자동차의 배기가스 중 일산화탄소를 비롯한 탄화수소, 질소산화물을 각각 90퍼센트 감소시켜야 했다. 즉, 5년 사이에 자동차의 배기가스 내 오염물질 농도를 10분의 1로 줄이라는 엄격한 규제다. 이 때문에 미국의 자동차 산업계는 기술적으로 불가능하다며 일제히 반발했고, 규제에 부합하는 엔진 개발이라는 목표는 전혀 이루어지지 않는 상태였다.

혼다 소이치로의 목표

당시 혼다의 사장이었던 혼다 소이치로는 개발 담당자의 허락을 얻지 않은 채 1971년 2월 기자회견을 열고 "혼다는 1973년 상품화를 목표로, 머스키법을 만족시키는 리시프로 엔진reciprocating engine 개발에 착수할 것"이라고 발표했다.

그 시점에 혼다는 이미 조합 보텍스 제어형 연소실CVCC (Compound Vortex Controlled Combustion)이라는 이름의, 머스키법의 일산화탄소와 질소탄화물의 규제 기준에 부합하는 엔진을 개발하고 있었다. 하지만 탄화수소는 아직 수치를 낮추지 못한 상태였다.

당시 혼다는 운전자의 사고사 원인이 제품 결함에 있다는 내용의 소송에 휘말려 사회적 비난을 받고 있었다. 이 때문에 주력 상품의 판매 실적이 4분의 1까지 떨어진 상황이었다. 이 위기 상황 속에서 천재 엔지니어로 불리던 혼다 소이치로는 머스키법에 부합하는 엔진 개발에 성공한다면 사업도 다시 활기가 돌 것이고, 앞으로 혼다가 세계 최고의 기업들과 어깨를 나란히 할 수 있을 것이라고 직감했다.

즉, 소이치로는 배기가스로 인한 환경오염에 대한 기술자의 의무나 책임보다는 오히려 혼다라는 기업을 위기에서 구해낼 돌파구로 '머스키법의 기준을 만족하는 새로운 엔진 개발'을 선택한 것이다.

이것이 '기술자의 임무'

실제 CVCC 엔진을 개발한 기술자들의 프로젝트 참여 동기는 대기오염은 단순히 혼다라는 일개 기업의 문제가 아니라는 일종의 '고집'이었다. 철야는 물론이고 연일 회사에서 숙식을 해결해야 하는 가혹한 환경 속에서 프로젝트 성공을 향해 묵묵히 나아가던 식원들. 이들에게는 혼다의 대기오염 연구실 소속 이시즈야 아키라石津谷彰 씨가 말한 "아이들에게 깨끗한 하늘을 물려주자."는 바람을 실현시키겠다는 '고집'이 있었다.

CVCC 엔진 개발 프로젝트의 책임자는 소이치로 본인이 아니라 당시 39세의 구메 다다시久米是志(혼다 제3대 사장)였다. 구메씨도 자신이 맡은 (다른 기업이 불가능하다고 주장한) 규제 기준에 부합하는 엔진 개발 프로젝트를 성공시키는 일은 단순히 한 기업을 위한 것이 아니라 '기술자의 임무'라고 인식했다. 그는 이 인식을 프로젝트 참여자 모두에게 전하고 이 과정에서 포기와 타협을 절대 인정하지 않았다. 더불어 이 프로젝트를 완수하려면 지금처럼 천재 기술자인 혼다 소이치로 한 사람에게 의존하는 것이 아니라 각 부서의 전문가 모두의 힘을 모을 필요가 있다고 생각했다.

구메 씨는 소이치로를 스승과 같은 존재로 진심으로 존경했지만 혼다의 미래를 위해 지금까지의 프로젝트 진행 방식을 완전히 뒤집는 혁신을 선택했다.

고집으로 뛰어넘은 머스키법

1972년 10월, 드디어 혼다는 머스키법을 모두 만족하는 CVCC 엔진을 완성했음을 발표하고 12월에 미국 환경보호청 EPA의 테스트를 받았다. EPA는 1973년 3월 발표를 통해 혼다의 CVCC 엔진이 머스키법에 부합하는 엔진임을 공식 인정했다. 세계 최초로 미국 배기가스 기준을 만족한 엔진을 개발한 혼다는 이후 개발 관련 기술을 다른 회사에 무료로 공개했다. EPA 발표로 세계 자동차 업계의 배기가스 대책은 순식간에 전진할 수 있었다.

참고로 현재 엔진 배기가스 저감기술은 가스 배출량이 CVCC 엔진의 10분의 1 이하 수준까지 진화했다. 혼다 소이치로의 바람에서 비롯된 결과라고 말할 수 있을 것이다.

엔지니어 경력 관리 체크리스트 #1

나는 π형 엔지니어인가?

적어도 기술에 있어서 한우물만 파서는 한계가 오는 시대가 되었다. 폭넓은 기초지식, 깊은 분야 전문성, 내 전문 분야를 뒷받침해줄 제2의 전문 분야까지 확보할 수 있도록 로드맵을 짜고 실천해보자.

타분야 엔지니어와
적극적으로 만나라

확실한 엔지니어 교류의 장, 학회 가입하기

사회 진출 이후 인간관계를 쌓을 곳이 회사밖에 없다 하더라도, 근무하는 회사가 어느 정도 규모가 있는 편이라면 다른 분야의 전문가와 교류할 기회가 생길 것이다. 하지만 그렇게 기회가 있어도 막상 그곳에 수백 명이 나와 있다면 교류다운 교류는 역시나 쉽지 않다. 이럴 때는 학회를 이용하는 편이 좋다. 연간 1만~2만 엔 정도 회비를 내면 다양한 분야의 전문가와 만날 수 있다. 가장 적은 비용으로 가장 확실히 만나는 방법이다.

학회에 들어가는 방법은 매우 간단하다. 기계학회나 전기학회, 토목학회 등은 그저 신청하기만 해도 가능하다. 드문 경우지만 추천인이나 회원의 소개를 통해야 하는 학회도 있는데, 일단 문의해 보자. 회원이 늘어나는 것을 마다할 학회는 없다.

"지인 중에 귀 학회의 회원이 없습니다. 추천인이나 소개인이 없으면 입회하지 못하는지요. 저는 ○○을 전문으로 하는 기술자로, 귀 학회에서 △△에 관해 배우고 싶습니다." 이런 식으로 메일을 보내면 거절당할 일은 없을 것이다.

현재 일본에는 정말 수많은 학회가 있는데, 정식으로 학회를 인정받으려면 몇 가지 조건이 있다. 먼저 일본에서 공적 학회로 지정받으려면 정부의 고문 기관인 일본 학술회의의 '일본 학술회의 협력 학술 연구 단체'에 소속되어야 한다. 일본 학술회의는 학회의 요청을 받아 소속 가능 여부를 심사하는데, 다음 세 가지 요건을 만족해야만 일본 학술회의 협력 학술 연구 단체로 인정된다(우리나라의 경우는 한국학술단체총연합회AKAS의 회원 학회 가입 기준 참고-옮긴이). 참고로 일본에는 약 1,200개의 학회가 있다.

가. 학술 연구의 향상 발달을 핵심 목표로 삼고 동시에 그 목적에 부합하는 분야에 '학술 연구 단체'로서 활동할 것

나. 연구자들이 자주적으로 모이고 연구자 자신이 운영할 것

다. 구성원(개인 회원) 수가 100명 이상일 것

문학, 사회과학, 공학, 이학, 의학 등 다양한 학문 분야의 학회가 있다. 처음이라 잘 모를 때는 큰 곳을 선택하는 편이 좋다. 예를 들면 기계 분야 엔지니어라면 기계학회, 전기 분야 엔지니어라면 전기학회 같은 식이다.

물론 한 사람이 여러 학회에 가입할 수도 있다. 자신이 표면마찰 전문가라서 윤활tribology학회에 들어가는 것도 나쁘지 않지만, 이렇게 되면 타 분야 전문가와 교류할 기회가 줄어든다.

오해하는 분들이 종종 있는데, 명칭을 쓰고자 한다면 어느 단체라도 '학회'라는 단어를 사용할 수 있다. 반대로 일본 학술회의에 인정받은 정식 학회지만 학회라는 명칭을 쓰지 않고 '○○연구회'라고 불리는 단체도 있다. 보통 회원이 많지 않은 단체일 때가 많다.

가능하다면 논문 발표를 목표로 삼자

느닷없이 논문을 쓸 수는 없을 테니 처음에는 학술회에 참가해 세션을 듣기만 해도 좋다. 하지만 익숙해졌다면 자신의 전문분야와 관련한 논문을 써보길 바란다. 물론 학회지에 논문이 게재되려면 평가를 거쳐야 하므로 어느 정도 깊이를 갖춰야 한다.

큰 학회에서 내는 학회지는 수천의 전문가가 읽는다. 그런 만

큰 사람들로부터 비판을 들을 수도 있지만, 이 또한 식견을 넓히는 한 방법이다. 그리고 논문 발표의 가장 큰 이점은 이 과정을 통해 교류 범위가 비할 데 없이 넓어진다는 점이다. 본인은 신기술이라고 여겼던 것에 대해 "이미 미국에서 상용화를 앞두고 있는 기술"이라며 가르침을 받을 때도 많다.

학회에는 회사 소속의 엔지니어뿐 아니라 대학 교수들도 많이 소속되어 있다. 이들은 연구를 전문으로 하는 사람들이다. 당연히 해외 문헌이나 논문도 읽는다. 회사원이라면 이렇게까지 하기는 힘들 것이다. 이들과 만나려면 학회에서 개최하는 연구회나 세미나에 참가하는 것이 가장 빠른 방법이다.

그렇게 학회 모임을 마친 뒤에는 명함을 교환하자. 전문 분야가 같든 다르든 신경 쓸 필요가 없다. 대학 교수도 민간 기업의 엔지니어도 교류의 폭을 넓히고 싶어 한다. 대학 시절 공부와는 인연이 없었거나, 담당 교수와 사이가 좋지 못했던 트라우마가 있는 사람도 있겠지만 학생과 스승의 관계가 아니므로 크게 신경 쓸 필요가 없다. 이런 교류의 장에서는 정보 누설에만 주의하면 된다.

Section 5

엔지니어로서의 성장 전략을 세워보자

이른 시기에 인생을 설계하는 것의 중요성

일반적으로 업무를 행할 때 그것이 큰 업무일수록 전체의 흐름을 가늠하는 공정표를 작성한다. 큰 업무가 아니더라도 하루의 행동에 맞추어 To-do 리스트를 작성하는 사람도 많다. 무릇 사람이라면 자신의 인생이 가장 중요한 프로젝트일 터. 엔지니어는 기본적으로 '설계자'다. 이 중요한 프로젝트에 계획표도, 설계도도 없이 무작정 뛰어드는 것은 전혀 엔지니어답지 않다.

자신의 인생이기에 모든 것이 자기 책임이다. 프로젝트 리더는 물론 당신 자신. 만약 대학을 이제 막 졸업했다면, 모든 공정이 완료되기까지 60년은 족히 걸리는 대 프로젝트다.

만약 당신이 비정상적으로 큰 프로젝트, 예를 들어 사고가 발생한 후쿠시마 제1원전의 '폐로閉爐 계획' 같은 것을 20년간 책임지게 된다면 당연히 계획 수립에 상당한 노력을 기울일 것이다. 이런 일을 계획 없이 시작하는 사람은 없다. 프로젝트 기간이 길면 길수록 제대로 된 계획을 세워야 한다. 그래야만 나중에 어처구니없는 일이 발생하지 않는다.

성장하는 엔지니어는 자신의 인생에도 PDCA를 적용한다

PDCA 사이클이라는 단어를 들은 적이 있는가?

PDCA 사이클이라는 개념은 제2차 세계대전 이후 품질관리법 구축에 고심하던 미국의 에드워즈 데밍Edwards Deming 박사에 의해 체계가 잡혔다. 일본을 찾은 데밍의 지도하에 품질관리 시스템을 도입한 것을 계기로 일본의 생산관리, 품질관리 현장이 진화하기 시작했다.

PDCA 사이클의 특징은 끊임없이 전 과정이 되풀이된다는 점이다. PDCA의 A에서 끝나는 것이 아니라, 나선형처럼 전 과정을 다 거쳤다면 또 새로운 PDCA 사이클에 돌입하는 식으로 과정이 지속적으로 이루어져 현장을 진화시킨다.

Plan(계획, 구상) 장래의 실적이나 예측 등을 바탕으로 업무 계획을 작성한다.

Do(실천, 실행) 계획에 맞춰 업무를 실행한다.

Check(점검, 평가) 업무가 계획에 따라 이루어지고 있는지를 확인한다.

Act(조치, 개선) 계획대로 되지 않은 부분을 조사해 조치한다.

몇 가지 정의가 더 있는데, 어휘의 쓰임이 다소 다를 뿐 대체로 이런 의미다.

더불어 어디서부터 시작하는지도 몇 가지 이견이 있다. P, 즉 계획부터 시작하는 것이 타당하다고 생각할 수 있지만, C, 즉 현재 어떤 상태인지를 판단하는 것부터 시작해야 한다는 의견도 있다.

만약 당신이 대학을 갓 졸업한 사람, 회사에 막 입사한 사람이 라면 어찌 됐건 가장 먼저 인생 프로젝트의 공정표, 혹은 로드맵을 작성해야 한다. 그리고 그것을 수행하는 방법으로 PDCA를 참고 하여 수정, 진화시켜 가길 바란다.

공정표를 작성할 때는 일과 관련해 필요한 지식이나 기술을 배우는 시기, 순번을 명기한다. 자격 취득이 필요하다면 그 기간도 포함시킨다. 또 지금 독신일지라도 미래에 가족을 만들지 모르니 이 점도 고려하는 것이 좋겠다.

이런 여러 요소를 PDCA 방식을 적용해 수정, 실천한다면 나중에 잘못되더라도 걱정할 필요가 없다. 25세 때 한 '30세까지는 결혼해야겠다'는 다짐을 지키지 못했더라도 그것 자체를 걱정할 필요가 없다는 뜻이다. 만약 결혼 상대가 있다면 더더욱.

PDCA는 현 상황 분석에서부터 시작하는 것이 좋다

업무에 따라서는 계획을 가장 먼저 세워야 할 때도 있다. 하지만 인생이라는 프로젝트에 PDCA 사이클을 적용하려 한다면 고민하지 말고 C, 현 상태 분석부터 시작해야 한다. 현 상태를 제대로 파악하지 않은 채 목표를 정하고 계획을 세운다면 계획 자체의 타당성을 잃기 쉽다.

PDCA은 멈추지 않고 적용하는 것에 의미가 있으므로 어디서부터 시작해도 같다고 생각하는 사람도 있다. 하지만 인생은 단 한 번뿐이다. 즉흥적으로 계획을 세운 탓에 실패해 엄청난 손실을 겪을 수도 있다. 실패는 어쩔 수 없지만, 이왕이면 최대한 덜 실패하길 바란다. 이를 위해 역시 현 상태를 제대로 안 상태에서 행동을 시작하는 것이 좋다.

물론 살다 보면 불의의 사고를 겪기도 한다. 본인만이 아니라 부모, 형제, 아내, 아이들 등 주위 사람에게 갑작스러운 불행이 찾아올 때도 있다. 이런 일은 누구도 예측할 수 없다. 하지만 누구나 겪을 가능성이 있는 일이라면 상정想定하지 못할 것도 없다. 위기 관리 측면에서 당연히 PDCA 안에 넣어야 한다.

현 상황을 파악했다면 설계도를 그리자

고도성장기에는 문과와 비교해 사람 수가 적었던 엔지니어의 취업이 그렇게까지 어렵지 않았다. 하지만 지금은 다르다. 소니, 도시바 같은 회사, 또는 대학생에게 무척 인기 있는 도쿄전력마저

도 인원 감축, 해고 후보에 기술자를 많이 넣는 시대다. 스스로 자신의 몸을 지킬 필요가 있다.

이를 위해 현 상황 분석을 끝냈다면 자신의 인생을 설계하자. 처음에는 5년 정도도 좋다. 또는 지금부터 10년을 1년 단위로 그려도 좋다. 앞으로 다가올 10년을 1년 단위, 이후의 인생을 5년 단위로 그릴 수 있다면 더 바랄 나위 없겠다. 그 뒤부터는 그 계획을 매년 갱신하면 된다.

가족이 관련된 계획은 세우기 쉽다. 2세 아이가 있다면 10년 후에는 12세가 된다. 당연한 말을 한다고 생각할지도 모르지만, 교육비 등으로 많은 돈이 나갈 때가 언제인지 계획표로 확실히 가늠할 수 있다. 또는, 부모가 그들의 힘만으로는 생활할 수 없어질 때가 언제인지도 대강 예측해 볼 수 있다. 평균 수명을 고려하여 남성이라면 80세, 여성이라면 86세까지 산다고 가정하면 크게 문제는 없을 것이다.

연금도 그다지 믿음직하지 않다. 이 책은 연금이나 경제 관련 책이 아니므로 세세하게 짚고 넘어가지는 않겠지만, 2016년 현재 현역인 사람들은 연금만으로 살 수 있다고 생각하지 않는 편이 좋다. 그렇다면 정년 후 스스로 생활을 꾸려나가야만 하는데, 당연히 체력은 젊었을 때에 비해 떨어진 상태일 테니 체력으로 승부하는 직업으로는 돈을 벌 수 없다. 건강을 관리하면서 지금까지의 경험을 살릴 수 있는 분야를 선택해 당신의 지식과 지혜를 팔아야 한다. 해외 주재 경험이 있다면 해외 기술 원조 쪽으로 눈을 돌려보는 것도 좋겠다.

단, 이러한 일들이 가능해지려면 먼저 자신을 계획적으로 성장시키는 일이 선행되어야 한다. 지금은 자격증만으로는 먹고살 수 없는 시대다. 앞서 소개한 에펠탑의 설계자 구스타브 에펠처럼 자신의 인생을 설계하고 시공해야 한다.

엔지니어의 인생을 설계해 보았는가?

기술의 활용은 회사 자원의 일이지만, 그 기술자가 일류 엔지니어로 성장할 수 있는가는 온전히 자신의 몫이다. 아직 없다면, 5년, 10년 단위로 로드맵을 짜고 주기적으로 PDCA 사이클을 적용해보자.

강한 상상력에는 애초부터 그에 걸맞은 마력이 깃들어 있다.
즉, 기쁨을 느끼고 싶다고 간절히 원한다면,
그 소원을 이뤄 줄 많은 것들이 당신을 찾아올 것이다.

-셰익스피어, 「한여름 밤의 꿈」, 제5장 제1막 중에서(후쿠다 쓰네아리 옮김)

CHAPTER 2

엔지니어의
생존에
필요한 능력

Section 1

당신이 어떤 유형인지 파악하고 있는가

자연형, 가연형, 불연형 엔지니어

아타라시 마사미新将命 씨의 『사장은 무엇을 해야 하는가』(원저 『経営の教科書』)에 따르면 사람은 '자연형自燃型', '가연형可燃型', '불연형不燃型'이라는 세 가지 유형으로 나뉜다고 한다. 이 유형에 맞춰 자신만의 사업 방식, 동기 등을 스스로 분석하고 사회, 조직이 무엇을 원하는지를 생각해볼 수 있다. 엔지니어만이 아니라 모든 사람에게 해당하는 이야기이다.

사실 그 책에는 '자연형', '가연형', '불연형' 세 가지 유형만 있는 것이 아니라 '소화형消火型', '점화형占火型', '조연형助燃型', '폭발형爆發型', '완전연소형完全燃燒型' 등 종류가 많다. 하지만 '자연형',

'가연형', '불연형'이 핵심이고 나머지 다섯 가지 유형은 부수적인 유형이어서 그렇게까지 파고들 필요는 없다. 더불어 심리분석이나 행동분석이 아니라 어디까지나 자신의 눈으로 자신을 관찰하고 판단하기 위한 특징 파악이니 편하게 테스트해 보길 바란다.

자연형 스스로 목표를 설정하고, 스스로 계획하고, 스스로 배우고 그것들을 업무에서 활용하려 한다. 어떤 의미에서는 이상적으로 보이지만, 조직이나 상사도 역시 어느 정도 이상적이지 않으면 언젠가는 사회, 조직을 떠나게 된다. 그렇기 때문에 사회나 조직에서 사용하기 쉬운 유형만은 아니다.

가연형 대부분의 사람이 이 유형이다. 특히 신입사원이나 입사한 지 얼마 되지 않은 젊은 회사원은 압도적으로 이 가연형일 때가 많다. 즉, 어떤 일을 계기로 의욕이 상승해 불타오르는 유형의 사람을 뜻한다. 직원이 몇 명밖에 없는 벤처 기업이라면 다르겠지만, 일반적인 회사나 조직이라면 그곳에서 일하는 사원은 기본적으로 '가연형'이다. 그래서 상사나 선배에 해당하는 사람은 불타오를 계기, 첫 불씨를 준비해야만 한다.

불연형 기본적으로 자신에게 맡겨진 일만 하는 사람을 뜻한다. 그 이상의 일은 하지 않는다. 그렇다고 맡은 일을 확실히 해내는 사람도 아니다. 주의 받지 않는 선에서 마친다. 기본적으로 불연형인 사람을 일로 불타오르게 만들 수는 없다. 거대한 조직에서 안정적인 위치에 있는 사람이라면 불연형이더라도 크게 문제는 없다.

이 외에 다섯 가지 유형에 관해서도 대강이나마 설명하자면

소화형 타인의 의욕에 찬 물을 끼얹는, 말 그대로 불을 끄는 사람. "어차피 이 회사에서는 무리야."라는 말을 입에 달고 산다. 거의 모든 측면에서 해만 끼치는 사람이다.

점화형 가연형 사람에게 가장 알맞은 상사. 의욕에 불타오르게 만드는 일에 상당히 능한 사람이다.

조연형 의욕에 불타오를 수 있도록 도와주는 유형. 남편을 잘 챙기는 연상의 부인 같은 이미지를 떠올리기 쉬운데, 그다지 성별과는 연관이 없다. 완전연소형이면서 조연형인 사람도 있다.

폭발형 자연형 중 이 유형의 사람이 적게나마 존재한다. 아무런 계획 없이 불타오르는 탓에 엄청난 속도를 자랑하지만 그만큼 단기간에 끝나버린다.

완전연소형 중장년 회사원이 많다. 말 그대로 과거에는 가연형 또는 자연형이었지만 실패 등을 거치며 완전히 연소한 사람들이다. 완전

연소했을지라도 점화형이나 조연형으로 활약할 수도 있어서 귀중한 존재다.

말장난하는 것처럼 보일지도 모르겠지만, 절대 그렇지 않다. 혈액형별 성격처럼 비과학적인 이야기도 아니다. 평상시 일하는 모습이나 행동을 관찰해 분석한 결과다. 당연히 인간이므로 100% '누구는 이 유형'이라고 단정 지을 수 있는 것은 아니다. 그러니 원하는 유형이 아닌 것 같다며 자신을 비관적으로 바라볼 필요는 없다.

각 유형의 특징과 성장 방향

자연형은 힘들여 키웠더니 회사를 그만둘 가능성이 있다. 이때문에 회사나 조직은 가연형이면서 점화형이나 조연형의 요소를 가진 사람을 원한다. 자연형을 원하는 작은 벤처 기업도 있지만, 드문 경우다.

엔지니어의 경우에 한정하면 어떨까?

결론부터 말하자면, 엔지니어는 자연형이면서 점화형의 요소도 갖추어야 한다. 50세 이후 또는 정년 직전에는 조연형이 되는 것이 좋다.

자연형처럼 일하지 않는다면, 업무에 따라서 생각지 못한 사고나 재해를 겪을 수 있다. 엔지니어는 세상에 없는 것을 만드는 사람이다. 누구도 하지 않은 방법, 공법으로 무언가를 만들어야 한다. 당연히 예상외의 사고와 직면할 것이다. 이를 최대한 막기 위해서는 항상 몇 수 앞을 내다보며 예상되는 문제점을 찾아내고, 그 문제점 때문에 어떤 일이 일어날 것인지를 예측해야 한다. 더불어 어떤 도움도 받지 못하는 상황에 부닥칠 때도 많다. 주위 사람들이 당신을 돕기 싫어서가 아니다. 돕고 싶어도 도울 방법이 없기 때문이다. 그렇기에 자연형이 되어야 한다. 또는 주변의 소화형이 가까이 다가올 때도 있다. 가연형이라면 소화형에 당할(부정적인 영향을 받을) 가능성이 있다. 이러한 위험을 피하기 위해서라도 자연형의 강한 연소력이 필요하다.

일반적으로 말하는 위험물의 법적 분류와 같다. 위험물은 제1류부터 제6류까지 총 여섯 가지로 나뉘는데, 위험물 규정에 따르면 가솔린과 등유와 같은 가연성 액체는 제4류로 분류된다. 제5류로 분류되는 물질은 '자기반응성 물질'로, 가열이나 충격으로 격렬하게 불타거나 폭발하는 성질을 가진 물질을 말한다. 니트로화합물 등이 이에 해당한다. 이러한 물질은 산소를 안에 포함하고 있어서 한 번 연소되기 시작하면 웬만한 방법으로는 소화가 어렵다.

산소를 모두 소모해 알아서 꺼질 때까지 주변을 관리하는 수밖에 없다.

위험물이 되라는 뜻은 아니지만, 엔지니어는 제5류에 분류되는 자연형(자기반응성 물질)이 되어야 한다. 물론 폭발을 일으켜 완전 연소하는 일이 없도록 자기 관리가 필요하다.

자신이 어떤 유형인지는 스스로 판단하는 수밖에 없다. 만약 당신을 냉정하게 보는 사람이 있다면 어느 정도 그 사람의 도움을 받을 수도 있을 것이다. 단, 부인이나 남편과 같이 너무 가까운 사람의 분석은 그다지 맞지 않을 때가 있으니 이 점은 유념하자.

커뮤니케이션 능력을 기르자

이과계와 문과계에 대한 오랜 편견

일본에서만 이과, 문과로 구분하는 것은 아니지만, 다른 나라와 비교하면 일본은 그 경계가 더 명확하다. 그 이유를 알기 위해서는 일본이 근대국가로 출발하게 된 메이지 시대의 학교 제도를 살펴보아야 한다. 메이지, 즉 구薺제도에서의 고등학교는 학생을 '문과갑류(영어)', '문과을류(독일어)', '문과병류(프랑스어)', '이과갑류(영어)', '이과을류(독일어)', '이과병류(프랑스어)'로 나누어 '문과'와 '이과' 중 한쪽을 배우는 식이었다. 이때 주로 수학 시험 결과에 따라 반을 나누었다고 한다. 그리고 메이지 시대에는 고등학교 때 무엇을 배웠느냐에 따라 대학에서 배우는 전문 분야가 크게 좌우되었다. 현재도 고등학교 중 대학 진학 학교에는 '이수理數 코스', '영리英理 코스' 등이 설치된 곳이 있다. 하지만 최근 대학, 특히 사립대학은 '학제'가 보편화하여 이과계, 문과계라는 분류법을 더 이상 사용하지 않는다.

커뮤니케이션은 문과계의 영역인가?

이러한 역사적 경위와는 별개로, 마케팅, 영업은 물론 그 외의 문과 출신 사람들을 상대하기 어려워하는 엔지니어가 많다. 일반적으로 엔지니어는 커뮤니케이션에 서툴다. "사람과 잘 어울리지 못해 기술사의 길을 선택했다."라고 말하는 젊은 엔지니어를 여러 명 만났을 정도다. 조금 나이든 엔지니어 중에는 "기술로 정면 승부하는 것이 엔지니어의 일이다. 아첨하는 일은 영업에 맡기면 된다."라고까지 말하는 사람도 있다.

흔히 수학적 센스가 있는지 여부로 이과와 문과를 구분하지만 어쩌면 커뮤니케이션 능력이 이과계와 문과계를 나누는 경계선일지도 모른다. '커뮤니케이션 능력이 좋은 사람＝문과계', '커뮤니케이션 능력이 부족한 사람＝이과계' 같은 식으로 말이다.

수학을 잘하면 이과인가?

처음 설명한대로, 메이지 시대의 이과, 문과 분류는 주로 수학 시험의 점수에 따라 이루어졌다. 이 때문에 지금도 '수학을 잘하는 사람=이과', '수학을 못하는 사람=문과' 같은 이미지가 강하다. 하지만 생물학과 경제학을 비교해 보면 경제학 쪽이 훨씬 수학 능력(계산 능력)을 요구한다. 지리학과 회계학 역시 마찬가지다.

또한, 이론을 구축할 때라면 모를까, 실험 현장에서 활약하는 사람에게는 수학 능력이 그다지 필요하지 않다. 오히려 현재는 컴퓨터에 데이터를 입력하면 아주 깔끔하게 그래프가 출력되는 시대다. 이것이 바람직하다는 의미는 아니지만, 수학을 공부하기보다 컴퓨터 사용법을 배우는 편이 훨씬 효과적이다.

이렇게 수학적 능력을 요구하는 분야가 점점 줄고 있다. 이 책을 읽는 엔지니어 중에도 "미분방정식 따위 식은 죽 먹기지!"라고 말할 수 있는 사람 역시 많지 않을 것이다.

원인이냐 방법이냐, 사고방식에 따른 접근

이쯤에서 이과계, 문과계의 경계를 이야기하기 전에 공학계와 이학계의 차이를 알아보았으면 한다. 이제부터 할 이야기는 경험에 따른 견해가 다소 포함되어 있음을 먼저 밝힌다.

공학부 혹은 의학부에서 배운 사람들은 '왜 그렇게 되었는가?' 보다 '일단 어떻게 해야 하나?'를 먼저 생각한다. 반대로 이학부 출신자는 '왜 그렇게 되었는가?'를 먼저 생각한다. 바꿔 말하면 이 학부 출신을 '이과계'로 본다면, 공학부, 의학부, 약학부 등은 이과 계보다는 문과계(특히 사회학)에 가깝다고 보아야 할 것이다.

반대로 문과계 중에서도 문학이나 철학, 언어학 분야 출신자 는 순수한 이과계에 가까운 사고방식을 가진 사람이다. '왜 그렇 게 되었는가?'라는 발상을 하기 때문이다.

커뮤니케이션할 때 이 점을 고려한다면 자신과 상대방의 관 점 차이, 중요하게 생각하는 것의 차이를 빨리 파악할 수 있을 것 이다.

어디서나 통하는 커뮤니케이션의 기본

커뮤니케이션 능력은 훈련으로 발전시킬 수 있다. 이것은 틀 린 말이 아니다. 여기서 가장 간단한 방법을 소개하고자 한다.

처음에는 말을 하지 않아도 좋으니 일단 다른 사람의 말을 듣 는 것부터 시작하자. 이른바 '경청' 훈련이다. 사람들이 쉽게 오해 하는데, 커뮤니케이션의 기본은 '듣기'다. 기본을 건너뛴 채 멋진 말을 하려고 애쓰니까 커뮤니케이션에서 스트레스를 받는 것이다. 말을 많이 하는 사람은 말하는 것을 좋아하는 사람이다. 당신은 상대방이 좋아하는 행동을 하도록 놔두면 된다.

상대의 말을 진지하게 듣고, 때로는 맞장구를 치거나 질문을 해도 좋다. 이 정도만 해도 당신의 커뮤니케이션 능력을 의심하는 사람은 주위에 없을 것이다. 오히려 오랫동안 다른 사람의 이야기를 들어줌으로써 '다른 사람의 말을 잘 들어 주는 소통의 달인'이라는 인상을 심어줄 수 있다.

또 하나. 더욱 간단한 방법인데, 상대방의 이야기에 관심을 갖자. 정말 지루한 이야기더라도 자리를 박차고 일어나기보다 분석자가 되어 '이 사람은 왜 이렇게 지루한 이야기를 하는 것일지'를 생각해 보는 것도 좋다. 의외로 새로운 발견을 할지도 모른다.

좋은 질문은 잘 듣는 데서 나온다

비즈니스 코칭에서는 질문력을 중시한다. 그렇지만 질문에 너무 매달리면 질문을 해야 한다는 압박감에 상대방의 이야기를 듣지 못한다.

상대방과의 커뮤니케이션을 중요하게 생각한다면 일단 듣는 일에 전념하자. 그중에서 상대방이 힘을 주어 이야기하는 부분을 찾아 "그 부분을 좀 더 자세히 이야기해 주시겠습니까?"라고 묻는다면 상대방은 당신을 '이야기를 잘 들어 주는 사람'이라고 생각하게 된다. 대화할 때마다 이 점을 의식한다면 상대방과의 커뮤니케이션에 깊이를 더할 수 있다.

엔지니어 경력 관리 체크리스트 #3

커뮤니케이션 능력을 훈련해왔는가?

지레 포기하진 않았는지? 상대방의 말을 잘 듣고 호응하는 것만으로도 절반은 된 것이다. 자신과 상대방의 사고방식이나 판단의 차이를 살피면서 대화를 이어나가는 스킬을 꾸준히 연습해 보자.

• 스토리텔링 능력이 있는가?

• 나는 경청하고 호응하는 사람인가?

• 상대방의 사고방식에 따라 대화 방식이 다름을 알고 있는가?

• 마케팅을 쓸데없는 일이라고 생각하는가?

Section 3

엔지니어에게 날개를 달아주는
프레젠테이션 능력

중요도를 더해가는 프레젠테이션 능력

프레젠테이션은 커뮤니케이션과는 조금 다른 영역이다. 21세기를 살아가야만 하는 엔지니어는 프레젠테이션 능력, 즉 정보를 잘 전달하는 능력도 반드시 갖추어야 한다. 이 능력이 있다면 자신의 전문을 타 분야 사람에게, 심지어 중고등학생들도 이해하기 쉽게 전할 수 있다.

엔지니어는 데이터나 객관적 사실을 중시한다. 직업상 당연하다. 하지만 이를 활용해 프레젠테이션을 할 때 한 가지 중요한 점이 더 있다. 마음을 움직이는 것, 즉 '감동'이다.

프레젠테이션은 당신의 주장을 상대방에게 조리 있게 전달하는 것만을 의미하지 않는다. 당신의 주장에 상대가 "그렇군요."라고 동의하게 만들고 나아가 행동을 끌어내야 한다. 이를 위해서는 상대방의 마음을 움직여야 한다.

사람은 올바름만으로 감동하지 않는다. 우수한 기술자가 아이디어의 정당성을 뒷받침하는 데이터를 한 아름 들고 와도 주목을 받지 못하고 그대로 끝나버릴 때가 있다. 아무리 자신의 주장을 뒷받침하는 데이터를 모아도, 아름다운 그래프로 표현해도, 그것만으로는 다른 사람의 관심을 끌 수 없고 동의를 끌어낼 수 없다.

물론 프레젠테이션 없이 일이 잘 풀릴 때도 있지만, 대부분은 그렇지 못하다. 이때 당신은 '그 사람들은 이해력이 부족해 나의 멋진 아이디어를 알아보지 못한 것'이라고 치부하기 쉽다. 하지만 이런 생각을 머릿속에 떠올리는 순간부터 당신을 따르려는 사람은 더 이상 나타나지 않을 것이다.

그런 일을 겪기 전에 생각하자. 프레젠테이션은 상대방의 마음에 울림을 남기는 능력이다. 물론 그 능력을 발휘하기 위한 객관적인 사실이나 데이터는 미리 수집해 두어야 한다. 주장의 정당성을 뒷받침하는 근거로서 말이다. 상대방이 근거를 확인하고 마음을 열었다면, 다음 단계로 상대방의 마음을 움직여 보자. 이를 위해 필요한 능력이 '스토리텔링'이다.

프레젠테이션 능력을 높이는 스토리텔링

스토리텔링, 이 스킬은 반드시 몸에 익히는 것이 좋다. 이야기(스토리)에는 사람의 행동을 바꾸는 힘이 있다. 상대방의 주관에 곧바로 영향을 주기 때문이다. 아름다운 원형 차트나 꺾은선 그래프보다 훨씬 생동감 있게 현실을 전할 수 있다. 여러분도 1장의 스위스 시계와 혼다의 자동차 엔진 개발 이야기는 아직 기억하고 있을 것이다.

자, 그렇다면 어떻게 해야 이야기를 효과적으로 사용한 프레젠테이션을 할 수 있을까. 핵심은 호기심과 관찰에 있다.

풍부한 지식을 가진 박식한 사람이 반드시 뛰어난 스토리텔러가 되지는 않는다. 물론 지식이 많을수록 좋겠지만, 그것뿐이라면 자기 자랑에 그치거나, 혹은 청자에게 무례를 범하는 결과만 낼 것이다.

스토리텔러가 가져야 할 호기심은 청자를 향한 호기심이다. 그들이 무엇을 듣고 싶어 하는지, 무엇을 알고 싶어 하는지를 고려하지 않은 프레젠테이션은 오만한 자기주장에 지나지 않는다.

호기심을 가지고 청자를 관찰한다면 뛰어난 스토리텔러가 될 수 있다. 좋은 프레젠테이션의 시작은 여기부터다.

Section 4

발상은 훈련을 통해 좋아질 수 있다
-엔지니어를 위한 아이디어 발상법①

아이들의 발상은 어디서 나오는가?

성인보다 지식이 얕은 어린아이들의 발상에 놀랄 때가 있다. 이는 제임스 웹 영James Webb Young의 '아이디어란 기존 요소의 조합에 지나지 않는다'는 말과 모순된다. 아이들은 기존의 요소를 모른다. 아무것도 알지 못하는 상태에서 조합할 수 있을 리가 없다. 실제로 어른과 아이가 같이 참가한 세미나에서 다음과 같은 질문을 한 적이 있다.

"옆에 앉은 사람과 짝을 지어 주시기 바랍니다. 되도록 알지 못하는 사람과 짝을 지어 주세요."

"자, 지금부터 1분을 드리겠습니다. 옆 사람과 몇 가지 공통점이 있는지 대화를 통해 알아내 주십시오."

이때 어른은 사는 지역, 출신지, 취미, 미혼자 기혼자 등 10가지 정도의 공통점을 찾아낸다. 연령대가 다소 높은 부부가 이 테스트를 하면 엄청난 결과를 보여주기도 한다.

"공통점? 사는 주소가 같지요."
"그거 말고 뭐 더 있나요?"

1분 동안 한두 가지밖에 나오지 않는다. 애초에 할 마음이 없는 것이다.

초등학생은 어떨까? "팔이 두 개, 다리도 두 개, 코는 하나, 귀는 두 개. 너도 운동화 신었네? 나도 그런데." 눈으로 알 수 있는 것들부터 찾기 시작해 시간이 다 되도록 끝날 기미가 보이지 않는다. 지금까지 최고 30가지를 찾아낸 적도 있다. 이것은 지식이 많다고 해서 나올 수 있는 발상이 아니다.

바꿔 말하면 95%의 기존 아이디어의 조합이 아니라 남은 5%의 아이디어인 것이다. 하지만 안타깝게도 이것을 업무나 일에 적용할 공식적인 방법은 없다. 오로지 천재로 불리는 사람만이 가능하다. 그리고 천재의 발상법은 공식화할 수 없다. 아이의 발상도 이에 가깝다.

그렇다면 천재가 아닌 대부분의 사람들은 어떻게 해야 할까. 이제부터 설명하고자 한다.

하나의 답에 만족하지 않는 습관을 들여라

프레드릭 회렌의 『스웨덴식 아이디어북』이라는 책에 다음과 같은 이야기가 있다.

아인슈타인은 어느 날 "박사와 나 같은 사람과의 차이점은 무엇이라 생각하는가?"라는 질문을 받고 다음과 같이 답했다.

"예를 들어 산처럼 쌓인 건초 더미에서 바늘을 찾아야 할 때, 당신 같은 사람은 분명 바늘을 하나 발견할 때까지 찾을 것이다. 하지만 나는 모든 바늘을 찾을 때까지 계속 찾는다."

이야기의 출전은 명확하지 않지만, 아마도 실화일 것이다. 아인슈타인다운 대답이니까.

앞에서 이학계와 공학계의 사고방식에 대해 언급한 것처럼 과학자와 기술자의 사고방식은 분명한 차이가 있다. 과학자는 기술자와는 달리 유일한 진리를 찾는다. 바로 궁극 이론이라고 불리는 것으로, 진리는 유일하다는 생각에 그 기원을 두고 있다. 한편 기술자는 기능을 실현하는 방법을 생각하므로 정답이 하나일 수가 없다. 아인슈타인은 과학자지만 그야말로 기술자식 발상으로 하나의 해답에 만족하지 않고 언제나 복수의 답을 발견하기 위해 노력했다. 이 지세를 본받고 싶다.

발상은 훈련을 통해 좋아질 수 있다
-엔지니어를 위한 아이디어 발상법②

지혜 재활용 'TRIZ' 발상법이란?

아이디어 발상을 위한 구체적인 방법을 소개하려 한다. TRIZ 라는 발상법이다. 한국어로 '트리즈'라고 읽는데, 영어로 된 단어 같지만, 사실 러시아어 명칭의 앞 문자만 따온 단어다. 영어로는 'Theory Of Inventive Problem Solving'으로 TRIZ가 되지 않는다.

러시아에서 태어나 미국, 유럽에서 연구되면서 발전한 TRIZ 를 한마디로 설명하자면, 인류의 지식을 유익하게 활용하는 방법을 설명하는 이론으로, 천재가 아닌 일반인을 위한 발상법, 아이디어 창출법이다.

TRIZ는 1950년대 러시아의 특허심사관 겐리히 알츠슐러 Genrich Altshuller가 고안했다. 특허심사관이었던 알츠슐러는 제출된 '획기적인 발명, 특허'를 매일같이 접하고 심사하는 사이 어떤 생각을 하게 된다.

'분야는 달라도 문제 해결 방법에는 공통 요소가 있지 않을까?'

이후 그는 러시아 특허* 수백, 수천 건을 대상으로 발명에 성공한 아이디어의 특성을 분석해 데이터베이스로 만들었다. 이를 바탕으로 핵심적 발명 방법을 추출하고 분류하는 작업을 수없이 반복한 끝에 40가지의 창의적 문제 해결의 공통된 원리를 찾아냈다. 그것이 TRIZ다.

현재도 미국과 일본에서 TRIZ 관련 연구가 진행되고 있다. 기본 토대는 알츠슐러가 세웠지만, 세부적으로는 지금도 계속 진화, 발전하고 있다. 그리고 문제를 해결하는 과정을 일원화한 TRIZ는 다양한 곳에서 유용하게 쓰이고 있다.

이 책은 TRIZ 해설서가 아니기에 엄격히 보면 다르게 해석한

---

* 러시아의 특허는 실용신안에 가깝다.

점이 곳곳에 존재한다. 그러니 여기서는 이런 방법도 실무에 활용된다는 점을 알아두기만 하자.

또한 굳이 말하자면 TRIZ는 시스템의 근본적인 변경이나 개선이 아니라, 기술자가 매일 업무에서 직면하는 개별적이며 작은 문제의 해결에 적합한 방법이라고 생각하는 편이 좋다. '전문 분야의 문제점 개량 및 개선'을 단시간에 해내려는 방법이라고 여기고 사용하면 도움이 된다.

발상법을 활용하는 진짜 이유

TRIZ의 첫 번째 장점은 심리적인 벽을 허문다는 점에 있다. 이 방법을 사용하면 '그것은 불가능하다'라는 최초의 벽을 무너뜨릴 수 있다. 어떤 과제든 해결 방법을 찾을 때 문제 자체에 매몰되거나 마음속에 '해결하지 못하는 것은 아닐까?'라는 벽이 생기게 되면 해결은 정말 요원해진다. 사실 TRIZ뿐 아니라 이른바 풍부한 발상을 도와주는 방법들은 모두 첫발을 쉽게 내디딜 수 있게 돕는 방편이다. 더불어 TRIZ를 활용하면 정공법이 아닌 다른 각도에서 접근하는 해결 방법을 발견하기 쉽다. 아니, 쉽다기보다 TRIZ의 방법을 따라가면 다른 각도의 해결법이 나올 때가 있다.

일반적으로 브레인스토밍(자유로운 토론으로 창조적인 아이디어를 끌어내는 일-옮긴이) 등으로 모두가 떠들썩하게 자기만의 의견을 피력할 때 순간적으로 다른 각도에서 접근한 해결법이 나오기는 어렵다. 하지만 TRIZ 방법으로 아이디어를 낸다면 그럴 일은 없다. 다각도의 해결법이 필연적으로 나올 수밖에 없기 때문이다.

몇 번이고 TRIZ를 반복해 익숙해지면 발상의 방식 자체가 풍부해진다. 자연히 브레인스토밍도 과거와는 다르게 흘러갈 것이다.

TRIZ의 유명한 문제

도쿄에서는 TRIZ 관련 세미나, 연구회, 모임 등이 많이 열리고 있다. TRIZ 세미나에 가면 자주 소개되는 유명한 해결 사례가 있다. 다음과 같은 내용이다.

당신은 '루나 16호'라는 달 탐사선의 조명 램프 설계자다. 그런데 이 램프가 착륙 때 충격으로 깨져버렸다. 문제는 강도에 있다고 생각해 좀 더 단단하게 다시 만들었지만 역시나 깨져버렸다. 이 문제를 해결하려면 어떻게 해야 좋을까?

정답은 이번 장 끝(82쪽)에 있지만, 정답을 보지 말고 한번 생각해 보자.

　힌트를 주겠다. 당신은 이미 좀 더 램프를 더 단단하고 튼튼하게 만드는 방법을 시도했지만 실패했다. 그렇다면 다음과 같은 부분을 깊이 생각해 보자.

　1. 다른 물질로 대체할 수 있는가?

　2. 램프의 유리는 어떠한 용도인가?

　3. 필요한가?

　이 순서대로 생각하면 된다.

아이디어를 보존하고
발상을 강화하는 방법

기막힌 아이디어가 떠오른 순간을 상상해보자

어떤 아이디어든 아이디어는 갑자기 떠오를 때가 많다. 머리를 싸매고 고민하고 있을 때는 나오지 않더니 어느 날, 어느 순간 갑자기 번뜩하고 떠오르는 경험을 많은 사람이 겪어 봤을 것이다.

잠자기 전 관련 정보를 곱씹다 잠들었을 때, 혹은 산책 중에 갑자기 머릿속에 번개가 치듯 아이디어가 떠오를 때도 많다. 이때 떠오른 아이디어를 붙잡아두려면 어떻게 해야 할까?

아이디어가 떠오르는 타이밍은 자신의 의지로 어찌할 수 있는 것이 아니기에 그 아이디어를 잃고 싶지 않다면 주머니에 메모지 또는 수첩 같은 것을 항상 들고 다니는 수밖에 없다. 아니, 반드시 그렇게 해야 한다.

가방에 A5나 B5 노트를 넣고 다닐 수도 있겠지만, 가방을 열고 노트를 꺼내어 펼치기까지 걸리는 시간이 아깝다. 자칫하면 그 짧은 순간에도 기껏 떠오른 아이디어가 날아가 버린다. 그러므로 생각이 떠오른 순간 주머니에서 메모장을 꺼낼 수 있도록 하는 편이 좋다. 메모장을 활용하는 방법은 현재 가장 빠르게 기록할 수 있는 방법이라고 생각한다.

이 방법으로는 뭔가 만족스럽지 못한가? 다른 방법이 있다. 요즘 음성 인식 프로그램이 엄청나게 발달하고 있는 만큼 '스마트폰으로 녹음한 음성 메모를 텍스트 데이터로 자동 변환'이 이루어진다면 메모장보다 훨씬 빠르게 아이디어를 기록할 수 있을 것이다.

스마트폰보다 작은 IC레코더(보이스레코더)를 들고 다니면서 그때그때 녹음을 하는 방법도 있지만, 스마트폰은 이미 생활필수품이다. IC레코더와 스마트폰, 두 기기를 가지고 다니기보다 한 개만 들고 다니는 편이 낫다. 단, 스마트폰은 아직 배터리 유지 시간이 다소 불안정하다는 단점이 있다.

그렇지만 음성 인식 프로그램의 인식률이 향상되어 지금보다 사용하기 편리해지면 번뜩 떠오른 아이디어를 잃어버릴 일은 확실히 적어질 것이다. 그 어떤 메모의 달인보다 스마트폰을 들고 이야기하는 것이 더 빠르고 기록 자체를 잃어버릴 일도 거의 일어나지 않을 것이다.

하지만 음성 기록에도 단점이 있는데, 나중에 검색하기가 어렵다는 점이다. 현재는 음성 인식 프로그램의 정밀도가 매우 좋아졌으므로 최대한 빠른 시간 내에 텍스트로 변환해두자.

쇼카손주쿠松下村塾(일본의 서당, 혹은 개인학교. 메이지 유신의 주요 인물들을 배출하였다-옮긴이)의 선생이자 유명한 막부 말기의 사상가 요시다 쇼인吉田松陰은 "책을 읽으면 마음에 와 닿은 구절을 기록하라."라고 문하생에게 가르쳤다. 본인도 물론 책의 중요 부분을 기록, 즉 발초拔抄했다. 독서를 할 때 반드시 발초도 해 노트를 완성해 갔다.

아이디어 보존용이 아닌 발상용 발명 노트

갑자기 솟구쳐 나오는 아이디어는 앞서 한 이야기처럼 스마트폰 또는 IC 레코더를 이용해 녹음하면 좋다. 하지만 이와는 별개로 A5 혹은 B5 노트를 들고 다니기를 추천한다. 이것은 목적이 다르다. 굳이 말하자면 기록용이 아닌 발상용, 아이디어를 끌어내기 위한 노트다.

이미 말했지만, 새로운 아이디어라고 해도 대부분은 이미 나왔던 아이디어들을 새롭게 조합한 것이다. 예를 들어 '코페르니쿠스적 전환'이라는 말의 주인공인 니콜라우스 코페르니쿠스가 외친 '지동설'도 플라톤 때부터 있었던 태양 중심의 사고에 그 바탕을 두고 있다. 코페르니쿠스 혼자만의 힘으로 발견한 것이 아니라는 이야기다. 더불어 독창적인 업적을 남겼다고 알려진 사람들 중에는 다음과 같은 말을 한 사람도 있다.

"과학적 창조성은 구속복을 입은 상상력이다."
- 리처드 파인만

여러 번 말했지만, 완전히 새로운 아이디어란 거의 존재하지 않는다. 대부분 오래된 아이디어를 새로운 방식으로 조합하거나 개량했을 뿐이다. 그리고 그렇게 나온 아이디어를 효율 좋게 사용하기 위한 방법으로 전 장에서 소개한 TRIZ가 있다. 그야말로 낡은 아이디어의 재활용 방법이다.

조금 큰 노트(다이어리보다 크다는 의미)를 사용해 떠오른 생각들을 적거나 그려 넣으면 아이디어를 모으기도 쉽다. 발상의 기초는 '손을 움직이는' 것이 아닐까, 하는 생각이 들 정도다.

손에는 많은 신경이 분포하고 있어 손을 움직이면 신경들이 자극을 받고 결국에는 뇌에까지 자극을 준다는 연구 결과가 있다. 물론 정확하지는 않다. 뇌와 관련한 설들을 엄밀히 따지자면 과학성은 없다고 생각하지만, 사례는 확실히 존재한다. 동의하지 않는 사람도 있겠지만 많은 아이디어맨들이 직접 노트에 필기하는 행동의 중요성을 인정하고 있다는 점만큼은 분명하니, 이 부분은 믿어도 좋을 것이다.

한 가지 더, 왜 노트가 다이어리어서는 안 되는가를 짚고 넘어가려고 한다.

이 또한 꼭 대학 노트여야만 한다는 뜻은 아니다. 하지만 B5 노트는 일본 전역에 있는 편의점에서 살 수 있다. 남은 쪽 수가 얼마 되지 않아도 어디서든지 금방 수급이 가능하다.

더불어 다이어리는 아무래도 활용 면적이 넉넉하지 못하다. 정중앙에 있는 링도 거치적거린다. 아이디어의 자유로운 발상이 이런 사소한 것에 방해받을 것을 생각하면 어이가 없다. 게다가 도표든 글자든 그림이든 자유롭게 표현하려면 어느 정도 면적이 필요하다. 그 한계가 B5 노트 혹은 최소 A5 노트다.

문방구는 개인의 성향에 많은 영향을 받는 도구이므로 쓸 이야기는 한도 끝도 없이 많지만, 아이디어를 끌어내는 데 매우 중요한 부분이므로 조금만 더 이야기하고자 한다.

실패학회(대규모 사고가 발생했거나 정책이 실패한 원인 등을 이론적, 역학적으로 분석해 미래의 예측 가능한 실패를 예방하려는 연구를 한다—옮긴이)의 부이사이자 도쿄 대학 공학부 교수인 나카오 마사유키中尾政之 교수는 몰스킨 노트를 항상 들고 다닌다. 이 노트를 열어 보면 그림과 도표가 빼곡히 들어 있다. 문장은 적다. '이런 방법도 있구나.' 같은 생각을 하며 구경했다.

몰스킨 노트는 대형 문구점이 아닌 이상 구하기 어렵다. 도쿄나 오사카라면 쉽게 살 수 있겠지만 지방이라면 그렇지 않을 것이다(온라인으로 살 수는 있다). 피카소, 고흐 등이 즐겨 썼다는 유명한 노트이니 이에 얽힌 재미있는 일화도 많지만, 그렇다고 굳이 이 노트를 고집해 쓸 필요는 없다. 일반 노트로도 충분하다. 단, 일반 노트는 구겨지거나 찢어지기 쉬우므로 오래 사용할 것 같으면 커버를 씌우자.

노트의 달인이 되자

어떻게 하면 노트의 달인이 될까?

가장 확실한 방법은 그저 꾸준히 노트를 사용하는 것이다. 기억하는 것들을 묵묵히 쓰고 바라본다. 버릇이 될 때까지 날짜를 적는다. 기본적으로 이 행동들을 반복한다면 누구라도 노트의 달인이 될 수 있다. 물론 그렇게 될 때까지 끊임없이 적고 바라보고 다시 읽어 보아야 한다.

그림을 잘 그리는 사람은 그림이나 도표를 그려도 좋다. 그림에 자신이 없다면 글로 적으면 된다. 오직 자신만을 위한 노트이므로 나중에 다시 읽을 때 스스로 잘 이해되기만 하면 문제없다.

흔히 하는 잘못이 기록만 하고 나중에 보지 않는 것이다. 이러한 사용법은 본인에게는 물론, 더 나은 노트 사용법을 익히는 데도 아무런 도움이 되지 않는다. 사람과 이야기할 때 메모를 하는 사람이 있는데, 나중에 그 메모를 다시 찾는 사람은 별로 없다. 이래서는 아무리 하루 종일 노트를 사용해도 절대로 노트의 달인이 될 수 없다.

쓰고 다시 읽고, 어딘가 불편하다면 사용법을 개선해 본다. 이 과정을 반복한다면 누구라도 노트의 달인이 될 수 있다.

그리고 노트의 달인이 되는 것이 아이디어의 신이 되는 지름길이다.

<74쪽 TRIZ 문제의 해답>

달 탐사선의 램프에 유리가 필요할까? 이 점부터 생각하길 바란다. 램프의 유리는 백열전구의 필라멘트가 공기 중의 산소와 만나 산화되는 것을 방지하기 위해 사용된다. 하지만 공기가 없는 달 표면에서는 유리를 사용할 필요가 없다.

정답: 유리는 필요 없다.

폴로니우스: 햄릿 왕자님, 무엇을 읽고 계십니까?

햄릿: 말을 읽고 있지. 말, 말.

-셰익스피어, 「햄릿」, 제2막 제2장(후쿠다 쓰네아리 옮김)

CHAPTER 3

필요한 능력에 포인트 더하기

Section 1

π형 엔지니어가 되는 데
필요한 독서

독서도 운동처럼 - 꾸준히, 계획적으로, 철저히

최근 책이 팔리지 않는다고 한다. 출판업계에 따르면 매년 수백억 원 단위로 업계 전체의 매출 규모가 축소되고 있다고 한다. 이 책을 읽고 있는 독자는 대부분 대학 등에서 전문 분야를 공부한 사람일 것이다. 어쩌면 아직 현재진행형인 학생, 대학원생인 사람도 있을 수 있겠다.

요즘 학생은 책을 읽지 않는다고 하지만 실태는 모른다. 사지 않고 도서관에서 책을 열심히 읽는 사람이 있을 수도 있고(하지만 집 근처 도서관에 가면 숙제를 하는 고등학생이나 신문, 잡지를 읽는 노인들이 많이 보인다), 20~30대 회사원이 책을 가장 많이 구입한다는 조사 결과도 있다.

여기서 자신의 독서 시간이나 독서 권수를 한 번 생각해 보았으면 한다. 정말로 π형 엔지니어가 되고 싶다면 20세부터 50세까지 30년간 매년 100권 정도를 읽을 각오가 되어 있어야 한다. 당연히 잡지나 만화는 제외다. 연간 100권이라고 해도 한 주에 읽을 책을 계산하면 2권이니까 그렇게 대단한 분량은 아니다. 여러분 중에서는 한 주에 2권씩을 이미 읽고 있는 사람도 있을 것이다. 하지만 여기서 중요한 점은 30년간 계속해야 한다는 점이다. 1, 2년 정도로 끝나서는 곤란하다.

연간 100권 읽기를 30년간 계속한다면 그때까지 읽은 책이 3,000권을 돌파한다는 이야기가 된다. 1만 권의 약 3분의 1 정도를 채우는 것이다. 50세까지라고 기간을 정했지만, 그렇다고 50세가 되면 더 이상 책을 읽지 않아도 된다는 뜻이 아니다. 50세가 되면 이 책에서 이야기하는 '성장 전략'은 필요하지 않다. 공자는 50세를 '천명을 아는 나이'라고 말했다. 이 책을 읽는 독자도 50세가 되면 저절로 변화해 있을 것이다.

그러니 20세부터 50세까지는 무조건 사신을 성장시킬 요량으로 책을 읽자.

10년에 한 번『현대용어 기초지식』독파하기

일본 서점가에는『현대용어 기초지식』이라는 사전 같은 책이 있다. 나름 인기가 있어서 매년 말이면 어김없이 발행하므로 본 사람도 있을 것이다.

출판사인 지유코쿠민샤自由國民社 사이트를 보면 2016년 10월 28일 기점으로 이 책을 다음과 같이 소개하고 있다.

『현대용어 기초지식 2016』

외교, 방위, 노동, 농림, 원자력에서부터

지진, 화산, 건축, 여자, 젊은이, 게임까지.

언어의 해설을 통해 현대사회의 핵심을 읽는

일본에서 유일한 신어, 신지식연감.

A5판/1,444쪽

2016년 1월 1일 발행

1,444쪽이라는 어마어마한 분량을 자랑하지만, 목차와 색인이 차지하는 페이지가 있기 때문에 실제로 읽을 분량은 1,200~1,250쪽 정도다. 어느 시기를 기점으로 삼아도 상관없으니 이 책을 10년에 1번 정도 독파할 것을 추천한다. 엄청난 도전

처럼 보이지만 그렇지도 않다. 보통 1개월 조금 넘게 걸려 다 읽을 수 있다. 하루에 30~40쪽 정도 읽으면 된다. 막상 읽다 보면 괜한 겁을 먹었다 싶을 것이다.

엄청난 두께의 책이므로 들고 다니기도 불편하고, 가방에 들어가지도 않겠다고 생각하는 사람도 있을 것이다. 하지만 걱정하지 말자. 들고 다닐 만하게 나누면 된다.

먼저 이 책의 등표지를 절단하자. 홈 센터(공구, 각종 자재, 잡화 등 생활 공간을 수리, 보수하고 꾸미는 데 필요한 각종 상품들을 판매하는 점포-옮긴이) 등을 이용하면 깨끗하게 자를 수 있지만, 집에서 직접 잘라도 된다. 이렇게 절단하고 나면 한 장 한 장 떨어지게 된다. 이것을 매일 17~20장 정도씩 가방에 넣고 다니면서 지하철로 이동할 때라든지 틈날 때마다 읽으면 된다. 낱장으로 분리된 나머지 분량은 책상 위에 그대로 올려두고, 다 읽으면 버린다. 그러면 처음에 700장 정도였던 종이의 산이 며칠 만에 조금씩 낮아지는 것을 눈으로 확인할 수 있다. 의외로 성취감이 느껴진다.

물론 읽은 모든 부분이 머릿속에 남지는 않는다. 하지만 반대로 모두 잊히지도 않는다. 이 과정을 10년에 한 번 정도 하는 것만으로 머릿속에 지식의 베이스캠프 같은 것이 만들어진다. 이유는 다음에 이어서 설명하겠지만, 이렇게 폭넓은 분야의 용어들을 머릿속에 남기는 방법은 훗날 다른 분야를 새로 공부할 때도 큰 도움이 된다.

120분의 1 노력에 관해서

10년은 120개월, 그중 1개월을 『현대용어 기초지식』 독파에 쓴다고 생각해 보자. 120분의 1이다. 시간 낭비라고 생각할지 모르지만, 전체 중 120분의 1 정도의 시간을 낭비한다고 해서 무언가가 크게 잘못되는 일은 거의 일어나지 않는다.

인간의 뇌는 이미 기억하는(머릿속에 입력되어 있는) 정보와 관련한 정보는 쉽게 기억한다. 그렇기 때문에 잡학으로 가득 채운 지식의 베이스캠프를 구축하는 것이 중요하다. 대체로 외국인의 이름을 기억하기 어려운 이유는 자신이 아는 외국인이 드물기 때문이다. 하지만 예를 들어 업무상 미팅에서 외국인을 소개받았는데 이름이 '트럼프'였다고 한다면? 그렇다면 '미국 제25대 대통령 도널드 트럼프'와 같은 이름이므로 대부분 한 번만 듣고도 바로 기억한다.

이와 마찬가지로 『현대용어 기초지식』을 읽으면 다양한 분야의 키워드로 구성된 최신의 기초지식이 머릿속에 구축된다. 만약당신이 새로운 분야를 공부하려 한다면 이 기초지식이 큰 도움이 될 것이다.

예를 들어 '그러고 보니 이 단어 뜻이 이거였구나.' 같은 생각을 할 수 있다(완전히 잊고 있었다 해도 주눅들 필요는 없다). 이는 지식을 더 빨리 이해하고 흡수하는 데 도움이 된다. 그러므로 쓸데없는 일이 아니다. 이러한 도움을 겨우 120분의 1이라는 시간의 낭비로 얻을 수 있는 것이다. 비용도 약 3,000엔으로 부담이 없다.

책이 낱장으로 분해되어 나중에 버릴 수밖에 없지만, 이 정도는 감수하자. 신문지라면 화장지로 교환이라도 받을 수 있지만, 낱장으로 된 책 한 권으로는 아무것도 바꿀 수 없을 테니 말이다. 하지만 엔지니어로서 살아가기로 마음먹었다면 이 정도 투자는 하는 편이 좋다.

엔지니어 경력 관리 체크리스트 #4

머릿속에 지식의 베이스캠프가 있는가?

• 꾸준히 기초 상식을 습득하는 나만의 방편이 있는가
• 주기적으로 새로운 지식을 접하고 있는가
• 전공분야 외의 지식 습득에 할애하는 시간이 어느 정도인가

지식의 베이스캠프가 형성되어 있을 때와 그렇지 않을 때의 새로운 분야 지식 습득 속도는 천지차이다. 지식이란 원래 잡학이라고 생각하고 다양한 분야의 지식을 습득하자.

Section 2

전문 지식 외의 지식이 왜 중요한가

지식이란 원래 잡학이다

아무리 체계화된 학문이라고 해도 지식 그 자체는 잡학이다. 점으로 존재하는 잡학을 서로 이으려면 어떻게 해야 할까. 바로 경험을 해야 한다. Section 3에서 자세히 언급할 예정이므로, 여기서는 '지식은 잡학이지만, 잡학이라고 무시하지 말고 머릿속에 계속해서 넣어야 한다'는 점만 알고 가자.

지금은 인터넷 검색을 통해 무엇이든 금방 알아낼 수 있다. 이런 이유로 지식을 쌓는 것이 대체 무슨 의미가 있냐고 묻는 사람도 있는데, 의미가 있다. 머릿속 가득 다양한 정보가 들어 있어야만 성숙한 사고를 할 수 있다. 특히 젊을 때 여러 방면의 지식을 흡수하는 편이 좋다. 시간을 아까워하며 독서를 꾸준히 한다면 엔지니어로서의 인생을 오랫동안 즐길 수 있다.

더불어 젊을수록 분야를 가리지 않고 닥치는 대로 읽는 독서를 하길 바란다. 물론 좋아하는 분야가 있어서 그 분야의 책을 읽고 싶다면 그것도 좋다. 하지만 젊을 때 너무 한 분야만 파고들면 앞의 1장에서 썼듯이 그 때문에 실패할 수도 있다. 또한 새로운 조합을 고민해야 할 때도 검색 범위를 스스로 한정 지을 수도 있다. 그러니 가능한 넓은 범위의 독서를 하길 바란다. 공학 이외의 분야로 심리학이나 역사(과학사나 공학사가 아니어도 좋다)를 특히 추천한다.

자투리 시간을 활용한 목적성 읽기

『현대용어 기초지식』을 10년에 한 번 읽는 것은 정말 추천하는 방법이지만, 급하게 무엇인가를 조사해야 할 때는 사실 별로 도움이 되지 않는다. 이럴 때를 위한 다른 방법을 소개하려 한다.

먼저 조사하고 싶은 분야의 책을 찾는다. 첫 책은 인터넷으로 사지 말고 직접 서점에 가 내용을 확인한 뒤 사길 바란다. 첫 책이니만큼 서점에 있는 관련 도서 중에서 가장 얇고 읽기 쉬운 책을 선택하자. 처음부터 이것저것 살 필요는 없다. 저자나 출판사도 신경 쓸 필요 없다. 마음 가는 책을 고르자.

다음으로 그 책을 최대한 빨리 읽자. 이 독서의 목적은 내용을 완전히 이해하는 것이 아니라, 이것으로 궁금한 분야에 대한 기초 조사를 끝내는 것이다. 이 사전 조사로 자신이 앞으로 마주보아야 하는 분야가 어떤 분야인지 대략 알 수 있을 것이다. 이렇게 얻은 예비지식을 활용해 이번에는 그 분야의 전문 서적을 골라 읽는다. 처음 읽은 책에서 소개한 책이 있다면 그 책을 읽어도 좋다. 예비 지식이 있으면 어떤 책을 골라야 하는지 금방 알 수 있어서 쓸데 없는 책을 고르게 되는 확률이 줄어든다.

이 방법으로 전문 서적을 10권쯤 골라 읽으면 놀랍게도 대부 분 그 분야의 전문가와 이야기를 나눌 수 있을 정도가 된다. 대략 4주~6주 정도 걸린다. 이 방법을 이용해 계획적으로 다양한 분야 를 끊임없이 공부하자.

머릿속에 바로바로 정리하며 읽기

물론 시간이 지나 잊게 될 수도 있고 반대로 흥미가 샘솟아 더 욱 깊이 조사하고 싶어질 때도 있다. 어느 분야에 흥미를 느껴 마 스터하고 싶다는 생각이 들었다면 당연히 반복해서 같은 책을 읽 어야 한다. 이때는 다음과 같은 방법을 사용하자.

절대 구매한 책을 고서점에 팔거나 인터넷 서점에 되팔 생각으로 아껴서는 안 된다. 책을 읽을 때는 선을 긋거나 주석을 달거나 하면서 읽자. 노트에 필사하는 사람도 있고 지금 시대에 어울리게 스마트폰으로 사진을 찍고 그 사진을 에버노트 같은 클라우드 드라이브에 보존하는 사람도 있지만, 따로 정리하는 시간과 수고를 생각한다면 책에다 붉은색 볼펜으로 밑줄을 긋는 방법이 가장 빠르다. '3색 볼펜' 따위 없어도 된다. 그리고 다 읽었다면 며칠 후, 일주일 이내로 선을 그은 부분만 다시 한 번 읽자.

이때 자신이 왜 이 부분에 선을 그으며 읽었는지를 생각하면서 읽으면 좋다. 자신의 사고를 곱씹으면서 읽을 수 있기 때문이다. 사실 두 번째 읽으면서 어떤 새로운 아이디어나 발견을 이룰 때도 많다(이 이야기를 세미나에서 했더니 "세 번 읽어도 될까요?"라는 질문을 받았다. 상관없다. 읽고 싶다면 몇 번이든 더 읽어도 된다).

마지막으로 자신이 어느 정도 이해했는지를 확인하자. 어떻게 하면 될까. 나만의 글로 풀어 써보는 것이 가장 좋다. 무엇을 어떻게 이해했는지는 자신만의 방법으로 바꿔 설명할 수 있는지 없는지로 판단할 수 있다.

독서 속도와 이해도의 관계

속독을 배우려는 사람이 많아서인지 각지에서 속독 관련 세미나가 열린다. 하루에 수만 엔이나 하는 세미나도 있다. 이런 세미나를 통해 속독을 익히고 그렇게 책을 읽는 것이 괜찮은 방법일까?

만화와 잡지를 제외하고 연간 발행되는 도서가 약 4만 권에 달한다고 한다. 이 모든 책을 읽을 수는 없고 그럴 필요도 없다. 앞에서 말했듯이 매년 100권을 계획적으로 읽는 편이 낫다. 여기서 계획적이라는 말은 어디까지나 독서 분야라는 범주에 해당하는 말이고 구체적으로 어떤 책을 읽으라는 규칙 같은 것은 없다.

어찌됐든 속도를 올려서 매일 한 권, 한 달에 30권을 읽는 것이 좋을까? 아니면 어느 정도 정독해서 한 달에 10권 정도를 읽는 것이 좋을까? 항상 그렇다는 뜻은 아니지만, 엔지니어의 성장 전략으로서는 후자를 추천한다. 한 분야에 대한 지식을 쌓아올리는 데는 되풀어 읽으면서 기억을 정착시키는 과정도 필요하기 때문이다.

또한, 이미 머릿속에 있는 지식과 연관된 내용은 기억하기 쉬우므로 책을 고를 때에는 전에 읽은 책과 관련성이 있는 책부터 차례대로 읽는 편이 독서 효율도 좋고 이해도 빠르다.

내 경험을 이야기하자면, 앞에서 나온 『현대용어 기초지식』도 지금까지 1990년, 2000년, 2010년에 완독했는데, 뒤로 갈수록 더 빨리 읽었다. 처음에는 40여 일 정도 걸렸지만, 세 번째에는 33일 만에 끝냈다(페이지가 더 늘어났음에도 말이다).

그리고 무슨 일이 있어도 빠르게 읽고 싶을 때에는 다음과 같은 방법이 가장 간단한 속독법이다.

책에는 어떤 주제에 관한 저자의 의견, 주장이 적혀 있고, 그 의견이나 주장의 근거를 사례나 데이터로 나타낸다. 만약 이미 저자의 책을 여러 번 읽어서 친숙하고, 저자의 의견을 언제나 별 문제 없이 이해할 수 있다면, 굳이 근거까지 읽을 필요 없이 의견만 읽으면 된다. 이 방법만으로 읽어야 하는 책의 분량은 반 이상 줄어든다. 처음 접하는 저자라고 해도 하나의 사례로 그 주장을 이해할 수 있다면 뒤는 읽지 않아도 좋다. 책은 무조건 처음부터 끝까지 전부 읽어야 한다는 사고방식부터 바꿔야 한다.

어떤 책이든 첫 장부터 마지막 장까지 읽자고 마음먹으면 굳이 뛰어넘어도 되는 부분까지 읽게 되어 시간을 낭비한다.

그리고 기본적으로 속독 기술이 필요할지 여부도 책을 읽으면서 스스로 판단한다. 단, 이때는 내용을 얼마나 이해했는지가 아니라 속독이 필요한가 아닌가를 판단하면서 읽을 뿐이다. 일반적으로 속독은 조금 더 많이 에너지 소비를 해야 하는 독서법이다. 비즈니스 계열 신서 200쪽 조금 넘는 책을 하루에 두 시간씩 이틀 동안 읽고 난 뒤와 한 시간 만에 다 읽고 난 뒤를 비교했을 때, 두 방법 사이의 정신적 피로도는 정말 다르다. 실제로 경험한 사람도 많을 것으로 생각한다.

내 경험에 비추어봤을 때, 정독할 때는 저자와 대담을 나누는 듯한 느낌을, 속독할 때는 저자의 강연을 녹음해 2배속으로 듣는 느낌을 받았다.

2배속 시청에 도전해 보자

하루가 24시간인 것은 눈코 뜰 새 없이 바쁜 사람이든 아니던 누구에게나 마찬가지다. 시간은 모든 사람에게 공평하다. 결국 어떻게 사용하는지의 문제다.

집으로 돌아가 느긋하게 욕조에 몸을 누이거나 소파에 앉아 TV를 보면서 맥주를 마시는 생활은 확실히 우리가 바라는 최고로 행복한 생활 중 하나다. 하지만 언제나 매 순간 이렇게 지낸다면 시간이 부족해질 것이다.

TV 뉴스 같은 프로그램은 녹화해서 2배속으로 시청하는 편이 효율이 높지 않을까? 실제로 회사원이던 시절에는 점심시간

1시간 동안 영화 DVD를 2배속으로 보곤 했다. 이 방법을 사용하면 2시간짜리 영화를 점심시간을 이용해 다 볼 수 있다. 2시간짜리 뉴스도 녹화해서 2배속 재생에 때때로 건너뛰기 시청을 하면 약 45분 안에 지금 세상이 어떻게 돌아가는지, 무슨 일이 발생하는지 충분히 알 수 있다. 매일 이렇게 보다 보면 뉴스를 볼 시간이 없는 보통 사람들보다는 세상의 흐름을 더 잘 알게 된다.

모처럼 과거에 없던 편리하고 유용한 기기가 마련되어 있는 만큼 그 정도의 투자는 반드시 해야 한다고 생각한다. 과거에는 VHS 테이프(가정용 비디오테이프)에 녹음해야 했는데, 되감기와 빨리감기가 불편한 것은 물론, 테이프가 꽤 큼직해서 나중에는 산처럼 쌓인 테이프를 정리하는 일조차 큰일이었다. 하지만 지금은 하드디스크에 넣어두고, 보고 싶은 장면을 찾아보는 것도 마우스 클릭 몇 번이면 끝난다.

영화도 2배속 시청에 익숙해지면 다 보고 난 뒤 일반적인 시간의 흐름이 느리게 느껴질 때가 있다. 물론 이 방법을 사용한다면 OST 감상은 포기해야겠지만 말이다.

영화나 TV 프로그램이 불필요하다는 생각도 틀렸다고는 힐 수 없다. 하지만 잘 만들어진 영화나 드라마, 보도 프로그램 등은 역시 공부에 도움이 된다. 또한, 세미나 혹은 강좌에서 그날의 주제를 이끌어가기 위한 방법으로도 사용할 수 있다. 이야기하면서 양념으로 사용될 법한 소재들은 많이 알고 있을수록 좋다. 속청은 이를 위한 요령이다.

여기서 한 가지 주의해야 할 점이 있다. 속청이나 속독을 활발히 사용하면 머리가 좋아진다는 주장이 있다. 이와 관련한 세미나, 훈련 코칭 상품도 있는데, 모두 근거 없는 이야기다. 엔지니어 중에 이 같은 이야기를 믿는 사람은 많지 않을 거라고 믿고 싶다. 속청과 속독은 어디까지나 시간을 절약하기 위한 한 방법에 지나지 않음을 명심하자.

Section 3
지식을 얻고 경험의 실로 잇자

잡스의 '점' 이야기 - 언젠가 점과 점은 이어진다

단순한 요령이더라도 경험이 없어서 제대로 활용하지 못할 때가 많다. 앞에서 이야기했듯이 지식은 어차피 잡학이다. 점으로 존재하는 잡학을 서로 이어 주는 매개체가 '경험'이다. 머릿속에 제각각 떨어져 존재하는 지식을 경험의 실로 잇고 연관 짓는 것. 이것이 바로 엔지니어로서의 성장이다.

애플의 창시자 스티브 잡스가 스탠퍼드 대학에서 한 유명한 상연이 있다. 거기서 잡스는 점을 잇는 것의 중요성을 대강 다음과 같이 이야기했다.

점과 점을 잇는 것은 그 시점에서는 불가능하다. 과거를 뒤돌아봤을 때 점이 이어져 있음을 아는 것만이 여러분에게 가능한 것이다. 그러니 지금 점과 점이 어느 날, 어느 곳에서 어떤 형태로든 이어질 것이라는 사실을 믿었으면 한다. 당신의 노력, 운명, 인생, 무엇이든 상관없다. 그 점이 어딘가에서 이어진다는 사실을 믿기만 한다면, 다른 길을 걷게 된다 해도 자신감 있게 걸을 수 있다.

다시 한 번 말하지만, 지식은 어디까지나 점이다. 극단적으로 말하면 모든 지식은 형태가 잡히지 않은 잡학이다. 이 잡학의 점으로 존재하는 지식을 잇는 데 필요한 것이 경험이다.

예를 들어 엔지니어라면 대학교에서 실습과 실험을 통해 책상 위에서 배운 것들을 실제로 시험해 봤을 것이다. 그때 실험과 실습이 항상 배운 대로 이루어졌는가? 분명 아무런 문제없이 흘러갈 때가 거의 없었을 것이다. 그렇게 시행착오를 겪는 동안 제각각 존재하던 지식이 이어진다. 잡스는 실험과 실습을 하지는 않았지만, 컴퓨터 디자인이라는 실무 속에서 자신이 과거 배운 지식을 활용, 많은 도움을 받았다.

뭐든지 컴퓨터로 검색하면 되는 시대에 군이 활자 데이터를 머릿속에 집어넣는 것은 쓸데없는 짓이라고 생각할 수 있지만, 절대 그렇지 않다. 애플 제품을 좋아하는 사람이라면 더욱 잡스가 한 말을 곱씹으며 점으로서의 지식을 열심히 흡수해 가길 바란다.

경험이란, 실처럼 겹겹이 쌓일수록 두꺼워진다

잡스는 대학에서 배운 캘리그래피(서양이나 중동 등에서 문자를 아름답게 쓰는 기법) 지식이 나중에 생각지도 못한 곳에서 유용하게 쓰였다고 말한 적이 있다. 이와 비슷한 경험을 한 사람이 많을 것으로 생각한다. 학생 시절의 아르바이트 경험이 의외의 곳에서 도움이 될 때가 있는 것처럼 말이다.

어느 쪽이든 머릿속에 점점이 제각각 흩어져 존재하는 지식은 경험을 쌓을 때마다 실로 이어져간다. 그리고 경험이 쌓일수록 실의 두께 역시 두꺼워진다.

이를 두뇌의 신경 네트워크와 억지로 관련지으려는 시도는 하지 말자. 시냅스 연결이 경험을 통해 형성된다는 이야기(학설)를 때때로 뉴스를 통해 듣는다. 하지만 정말로 그런지는 알 수 없다. 그러니 실제 뉴런의 연결과 지식이 경험의 실로 이어지는 과정 사이에 어떤 관련성이 있는지는 생각하지 말고 그저 단순히 경험으로 지식을 잇는다는 점만 기억하자.

안타깝게도 뇌신경의 구조나 뇌의 활동과 관련한 연구는 아주 최근에서야 시작되었다. 매우 흥미로운 분야지만, 아직 많은 부분이 밝혀지지 않고 있다. 여러 학설이 나왔지만, 아직 옳은지 아닌지조차 알 수 없는 학설이 대부분이다. 수년 전 책을 통해 얻은 지식이 최근 연구로 잘못되었음을 지적받는 등 어느 부분까지가 옳은지 판단하기 어려울 때도 많다. 그러니 뇌 속에 점으로 존재하는 지식을 경험의 실로 잇는다는 이야기도 어디까지나 비유로서 받아들였으면 한다.

이 이야기를 통해 뇌신경에 흥미가 생겨 관련 분야의 책을 읽거나 인터넷으로 조사해 보고 싶은 사람이 있을지도 모르겠지만, 시작은 이 정도로 충분하다. 뇌신경 과학의 전문가가 아닌 이상 그 점은 신경 쓰지 않아도 된다.

인지과학 자체는 설계에도 유용하게 쓰이고 있다. 인간이 조작 실수를 하지 않도록 설계하려면 어떻게 해야 좋을까? 이 부분에 앞으로 얻을 인지과학의 성과를 활용할 것이다.

자신의 흥미 범위를 넓게 가지는 것만으로 지식을 흡수하는 데 유리하고, 조사 자체를 즐길 수 있다. 좋아서 하는 조사와 억지로 하는 조사는 효율도 다르고 자신에게 끼치는 영향도 다르다.

'점으로 존재하는 지식을 내 경험의 실로 잇는다.' 이 이미지를 머릿속에 새겨 두자.

나만의 컴피턴시를 확보하는 방법

능력을 재는 '컴피턴시'란?

'컴피턴시Competency'는 한때 인사평가 등에서 화제가 되기도 했지만, 최근에는 그다지 주목받지 못하고 있다.

컴피턴시는 늦어도 1970년대부터 쓰이기 시작한, 탄생한 지 약 40년 이상 된 단어다. 하버드 대학의 심리학 교수였던 데이비드 맥클레랜드David McClelland가 학력과 지능이 동등하다고 평가받는 외교관 사이에서 업적차가 나타나는 현상을 보고 연구하기 시작했다. 그리고 연구 결과 빌표에서 지식, 기술, 인간의 근본 특성을 포함한 넓은 개념으로 컴피턴시라는 단어를 사용했다. 현재도 미국에서는 컴피턴시와 인사채용선고가 긴밀히 이어져 의논될 때가 많다. '컴피턴시 채용'이라는 것이 있을 정도다.

엔지니어에게는 익숙한, ISO9001(국제표준화기구ISO에서 제정, 시행하고 있는 품질경영시스템에 관한 국제규격-옮긴이) 중에서도 인적 자원의 '역량' 평가 부분에서 직무수행능력으로 이 컴피턴시가 사용된다. 즉, '역량＝컴피턴시'다. 학술적인 부분과 ISO 관련 이야기는 제쳐놓고, 일반적으로 풀어낸다면 지식과 스킬, 동기 유지 등 넓은 의미로서의 직무를 수행하는 능력을 말한다.

하려는 의지와 그에 걸맞은 지식이 있어도 조직 안에서 그것들을 유용하게 사용할 수 없을 때가 있다. 주위를 한 번 둘러보자. 지식과 기술을 모두 갖춘 훌륭한 인재지만, 왜인지 성과를 못 내는 사람, 반대로 지식과 기술은 모두 평범한 수준인데도 굉장한 성과를 내는 사람이 있을 것이다. 맥클레랜드 교수는 이런 사람들에 주목해 성과를 내는 사람 사이에는 어떤 공통 요소가 분명히 있을 것으로 생각했다. 그것이 바로 컴피턴시다.

역할이나 입장 등을 생각하고 주위의 상황도 고려하면서 목적을 달성하려면 지식과 기술, 의지 외에 또 무엇이 필요할까?

인사평가에 컴피턴시를 넣은 기업은 개인의 컴피턴시를 '친밀성'. '경청력', '분위기 메이커', '계수처리능력', '논리 사고' 등으로 평가한다. 보면 알 수 있듯이 이러한 평가 자체는 무척 어렵다. 만약 자신의 조직이 컴피턴시 평가를 하고 있다면 앞에서 말한 항목에 주의하면서 행동하자. 분명 평가가 올라갈 것이다.

일을 잘하는 사람들의 행동 특성

컴피턴시는 지식이나 기술과 연관되지 않은, 다른 능력의 척도다. 컴피턴시를 설명할 딱 맞는 표현이 일본어에는 없지만, 굳이 바꿔보자면 '일을 잘하는 사람들의 행동 특성'이라고 말하고 싶다. 그 사람의 무엇이 이 성과를 끌어냈는지에 중점을 둔 것이다.

조직의 인사평가와는 별도로 엔지니어는 자신의 컴피턴시를 의식하는 편이 좋다. 또는, 컴피턴시를 가져야 한다는 점을 항상 유념했으면 한다. 과거 일본형 인사평가는 '협조성', '적극성', '규율성', '책임성' 등에 중점을 두었다. 집단에서 업무를 잘 수행하기 위해 필요한 항목이기 때문이다. 이와 반대로 컴피턴시는 개인의 능력에 보다 중점을 둔다.

앞으로의 엔지니어는 세계화 속에서 세계의 기본을 의식해 업무를 수행해야 한다. 새장에 갇혀있지만 말고 밖을 보자. 활약할 수 있는 장소가 넓어질 것이나.

기술사시험 대비 강좌를 진행하면서 느낀 점이 있다. 역시 엔지니어 중에는 말주변이 없는 사람이 많다는 점이다. 논문형 답안을 잘 쓰지 못하는 사람들 모두 말주변이 없는 사람이다. 논문형 답안과 말주변이라니 이상하게 들릴지도 모르겠지만, 쉽게 말해 자신의 주장을 상대방에게 잘 전달하는 기술이 부족한 사람이라는 뜻이다.

커뮤니케이션 능력은 앞으로 점점 더 중요도가 커질 것이다. 물론 모국어뿐 아니라 외국어 능력도 필요하다. 하지만 영어나 다른 언어를 원어민 수준으로 구사할 정도가 되기 전에 모국어 커뮤니케이션 능력부터 갈고닦아야 한다. 앞에서 언급했듯이 먼저 잘 듣는 것부터 시작하면 된다. 그다음으로 중요한 능력이 문장 전달 능력, 혹은 프레젠테이션 능력이다. 기술자가 기술만 알면 되는 시대는 이미 끝났다.

성과를 끊임없이 내는 사람이 되기 위해서

일반적으로 오늘날 엔지니어는 팀 단위로 업무를 수행한다. 그래서 팀 구성원으로서 다른 구성원과 잘 어울리지 못하는 사람은 성과를 못 낼 때가 많다. 천재 엔지니어라면 상관없겠지만, 그런 사람은 이 책을 읽지 않을 것이고, 애초에 그런 사람 자체가 거의 없다.

당신 주위에서 성과를 올리고 있는 사람이 있다면 잘 살펴보

자. 앞에서 언급한 행동 특성을 보일 것이다. 능력만으로 성과를 올릴 수도 있겠지만, 절대 오래가지 못한다. 반짝 뜨고 사라지는 연예인처럼 말이다.

비즈니스 매너와 사회적, 일반적 상식을 포함해 넓은 지식을 쌓으면서 전문 분야를 깊이 탐구한다면 당신의 컴피턴시 역시 상 승할 것이다.

재무제표보다
경영 감각을 익히는 것이 중요

엔지니어에게 부기 지식이 필요할까

엔지니어 중에 부기나 회계학 강좌, 세미나를 듣는 사람이 의외로 많다. 부기나 관리 회계 서적은 열면 열 '누구나 쉽게 알 수 있는' 같은 제목이 붙어 있다. 가장 놀라운 제목은 '1초 만에 알 수 있는'이라는 문구. 뭐, 이건 제목이니까 그렇다 치자.

역설적으로 '간단', '누구라도 금방', 'ㅇ시간(초)'처럼 쉽다고 단언하는 듯한 어투의 제목을 붙이는 이유는 그만큼 어려운 분야이기 때문이다. 왜 그럴까. 실제로 쓸 일이 없으니 장벽이 낮아지질 않는 것이다. 어떤 의미로는 어학 공부와 같다.

경리부서가 아닌 이상 부기 지식은 필요 없다. 현장에서 생산 관리를 맡아 원가 계산을 해야 하는 사람 역시 부기 지식은 불필요하다.

엔지니어에게 경영 감각이 있다면

부기 또는 관리 회계의 상세한 지식보다 넓은 범위의 경영 감각을 익히는 편이 좋다. 그렇다면 경영 감각이란 무엇인가?

감각이므로 글로는 이해하기 어렵겠지만, 대강 다음과 같은 요소를 포함한다.

경영 감각 = 비용 의식

　　　+ 현장에서의 관찰력

　　　+ 관찰에 바탕을 둔 선견지명

　　　+ 돈과 시간의 균형 감각

경영자로서는 불충분할지도 모르겠지만, 현장의 엔지니어는 이 정도만 몸에 익혀도 충분하다. 상세한 부분에만 너무 집중한 나머지 전체를 보지 못한다면 오히려 손해다. 물론, 경영 감각을 익힌 뒤 상세한 부기 지식을 갖추는 것은 전혀 문제없다. 단, 반대는 추천하지 않는다.

그렇다면 작업 현장에서는 무엇을 관찰해야만 하는가?

매일 관찰하는 것 중에서 바뀐 것들을 찾아내야 한다. 위화감
이라고 해도 좋다.

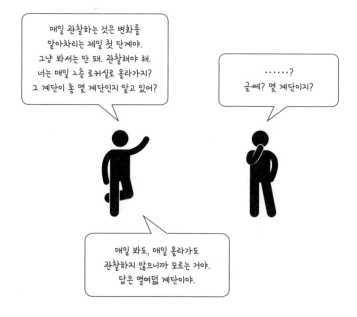

물론 좋은 변화일 때도, 나쁜 변화일 때도 있다. 재고뿐만이 아

니라 무언가가 갑자기 늘거나 줄거나, 예를 들어 광열비가 갑자기 큰 변화를 보인다면 '어? 왜 이러지?'라고 생각하고 그 부분을 조사해야 한다. 이것은 안전 대책과도 연관된다. 생산 현장에서도 외부 현장에서도, 혹은 소프트웨어 개발 현장에서도 위화감을 느끼는 감각은 중요하다.

엔지니어 경력 관리 체크리스트 #5

경영 감각이 있는가?

경영과 기술 개발은 이제 따로 떼어서 이야기할 수 없는 시대가 되었다. 경영의 이해가 곧 기술의 이해. 항상 시장을 의식하면서 시야를 높고 넓게 갖도록 하자.

지식재산권, 알고 있어야 보호받는다

지식재산권에 관한 법률

지식재산권과 관련한 법은 크게 두 가지로 나뉜다.

먼저 공업소유권에 속한 특허법, 실용신안법, 의장意匠법, 상표법을 포함한 '산업재산권법'이다. 엔지니어는 이 법을 알아두면 유용하다.

다음으로 좁은 뜻의 '지식재산권법'으로 분류되는, 저작권법, 부정경쟁방지법, 종묘種苗법(우리나라의 명칭은 농산종묘법이다-옮긴이)이다. 엄밀히 말해 다른 법적 해석이 나오기도 하지만, 크게 이렇게 두 가지로 나뉘고, 이 안에서 범주에 따라 4법, 3법으로 다시 나뉜다는 사실까지는 알아두면 좋다.

특히 '공업소유권 4법(우리나라에서는 산업재산권법 4법)'에 해당하는 특허법, 실용신안법, 의장법, 상표법 이 네 가지는 자세히 이해해 두면 좋다. 지금부터 상세히 알아보도록 하자.

실용신안법

실용신안법의 목적은 제1조에 명시되어 있는데, '이 법률은 물품의 형태, 구조 또는 조합에 관련한 고안의 보호 및 이용을 도모함으로써 그러한 고안을 장려하고 산업 발달에 기여하는 것'이다. 여기에서 고안이란 제2안에서의 정의대로 자연법칙을 이용한 기술적 사상의 창작을 의미한다.

특허와 비교했을 때 무엇이 다를까?

간단히 말하면, 특허는 출원한 뒤 실체심사를 거친 후 등록이라는 과정이 모두 끝난 뒤에야 권리를 취득할 수 있지만, 실용신안은 출원→등록 정도로 간단히 권리를 취득할 수 있다. 이처럼 실용신안에서는 실체심사가 이루어지지 않기 때문에 권리를 취득에 걸리는 기간과 비용을 최소한으로 끝낼 수 있다. 대략 3개월 정도 빠른 기간 안에 권리 취득이 가능하며 권리 취득에 필요한 비용도 본인이 출원하면 3만 엔 정도다(변리사를 통할 경우 수임료는 별도). 그래서 아주 획기적이거나 중요한 것이 아니라면 스스로 신청하는 편이 시간과 비용을 절약하는 방법이다.

물론 단점도 있다. 위에서 말했듯이 실체심사를 하지 않은 채 권리가 설정·등록되어 그 유효성에 대한 법적 판단이 객관적이라고 볼 수 없기에 당사자가 권리의 유효성을 증명해야만 한다.

오늘날 상품의 회전이 매우 빠른 탓에 권리 취득까지 긴 시간이 걸리는 특허 출원이 부적합한 상황이 아니라면 실용신안은 잘 이용하지 않는다.

의장법

의장이란 한마디로 말해 디자인이다.

상품은 그 성능만이 아닌 외견상의 매력도 중요하다. 머리를 쓰고 고민에 고민을 거듭해 완성한 디자인을 누군가가 허락도 없이 베낀다면 제작자로서 매우 골치 아픈 일이다. 이런 일을 방지하기 위한 법이 의장법이다.

이 법 또한 실제 조항으로 설명하겠다. 의장법 제1조 '이 법률은 의장의 보호 및 이용을 도모함으로써 의장의 창작을 장려하고 나아가 산업 발전에 기여하는 것을 목적으로 한다.'에서 알 수 있듯이, 이 법도 특허와 마찬가지로 어디까지나 '산업의 발달에 기여하는 것'이 목적이다.

당연한 말이지만, 의장법은 일본 이외의 국가에도 있지만, 보호해야 하는 대상이 창작물인가 혹은 창작의 결과물인가에 따라 국가마다 다른 해석을 내린다. 즉, 일관되고 통일된 견해가 아니라는 뜻이다. 그러므로 해외에서 해당 권리를 확보하고자 할 때는 각 나라의 해석을 먼저 확인해야 한다. 사실 전 세계에서 통용되는 공통 조약도 존재하지 않지만 말이다.

상표법

이 법은 문자나 기호, 그림 등의 마크를 출원해 등록한 상표의 사용을 독점함으로써 타인의 사용을 배제하는 권리다. 특허청에 출원하여 심사를 통과하면 등록할 수 있다. 유효기간은 10년이다. 심사는 그다지 복잡하지 않아 같은 상표가 출원된 것이 아니라면 출원한 지 1개월 정도 걸려 등록을 완료할 수 있다. 또한 몇 번이고 갱신할 수 있는데, 출원과 등록, 갱신에 비용이 든다. 주로 출처 표시나 품질 보증 기능 나아가 광고 기능을 갖는다. '트레이드마크'란 이 '상표'를 말한다.

의장법과 마찬가지로 상표에 관한 법률노 만국 공통은 아니다. 출원 시 심사 유무에 따른 차이도 있다. 더욱이 선사용주의(미국 등)나 선출원주의(한국, 일본, 유럽 등) 등등 나라에 따라 사용하는 제도도 다르다. 이 때문에 마드리드 의정서(공식명칭은 '표장의 국제등록에 관한 마드리드 협정에 대한 의정서'-옮긴이)에 따른 국제 출원을 하지 않는 이상 보호는 국내에 한정된다. 만약 외국의 보호를 바란다면 그 나라에 직접 출원해야 한다.

최근 일본에서 떠오르고 있는 '지적재산 관리 기능사'

2008년 일본의 기능검사제도가 인정하는 공인 기능사에 새로운 직종이 추가되었다.

지적재산 관리 기능사, 약칭 '지재기능사'다. 단 어디까지나 사회나 단체 안에서 지적재산을 적절히 관리, 활용해 기업이나 단체에 공헌할 수 있는 능력을 갖춘 사람임을 인정하는 자격이다. 이 자격만으로는 변리사처럼 독립, 개업해 지재에 관한 법적 절차를 대행하지는 못한다. 변리사처럼 어려운 자격시험이 아니므로 엔지니어로서 지재를 자세히 알고자 하는 사람들은 자신의 지식과 이해를 확인한다는 차원에서라도 도전해 보는 것도 나쁘지 않다.

3급부터 시작하는데 3급은 특별한 응시자격이 필요하지 않아서 누구라도 볼 수 있다. 시험은 지식을 확인하는 객관식 시험과 실무능력을 확인하는 주관식 시험으로 나뉜다. 시험지를 보면 알수 있겠지만, 3급 정도의 지식으로는 기업에서 지재를 다루기 부족하다. 2급 취득을 목표로 삼자.

자세한 내용은 일본 지적재산 교육 협회 사이트(http://www.kentei-info-ip-edu.org/)를 참조하길 바란다.

특허는 누구를 위한 것인가

특허법이란

특허법의 목적은 제1조에 명시되어 있다.

목적

이 법은 발명을 보호·장려하고 그 이용을 도모함으로써 기술의 발전을 촉진하여 산업발전에 이바지함을 목적으로 한다.

특허법을 오해하는 사람이 많다. 특허법의 목적은 어디까지나 산업의 발달에 있다. 발명자의 이익을 지키는 데에 있지 않다. 발명의 보호 및 이용을 도모한다고 법률 문헌에 쓰여 있지만, 어디까지나 '산업의 발달'에 기여하기 위함이다.

그래서인지 역시 많은 오해를 받는 부분이 있는데, 대부분 국가에서 특허는 출원일로부터 일정 기간이 지난 후에는 일반에 공개된다. 대부분의 국가에서 1년 반 정도가 지나면 자동으로 공개하도록 하고 있다. 출원일 기준이므로 공개되는 것만으로는 최종적으로 특허로 등록되었는지 아닌지는 알 수 없다.

다시 한 번 말하지만, 특허 제도의 기본은 기술적 아이디어 공개의 대상代償으로 일정 기간 독점을 허락하여 발명을 장려하는데에 있지만, 근본 목적은 산업의 발전에 있다. 그런데도 '모든 것을 다 공개할 필요는 없지 않나'라고 생각하는 사람이 있을 수 있겠으나, 여기에는 나름대로 이유가 있다.

크게 다음과 같은 네 가지 이유다.

1. 아이디어가 공개되면 그것과 같은 아이디어를 출원해도 특허를 받을 수 없음을 알 수 있다.
2. 동일 국가 내라면 후에 출원된 것들이 배제된다.
3. 어떤 범위에서 특허를 받았는지 알 수 있다.
4. 출원인은 보증금청구권을 가질 수 있다.

특허 출원은 만능이 아니다

사실 특허 출원은 만능이 아니며, 앞에서 언급한 특허 관련 내용 역시 이상론이다. 인터넷의 발달로 이제 정보는 국경이라는 벽을 넘어 열람되고 조사된다. 일본의 현행 제도에서는 특허 출원 후 18개월 뒤에 그 내용이 공개되는데, 개발도상국 엔지니어가 이것을 조사해 모방하는 경우가 늘고 있다. 심지어 해외에서 생산된 모방품이 일본 시장으로 들어오기까지 한다. 이래서는 특허 출원의 이유가 없어지게 된다.

그렇다면 무엇이든 특허 출원을 하지 않아야 할까? 결론부터 말하자면, 암묵지暗黙知(말로 할 수 없는 지혜, 문서로 만들어지지 않은 관행 등-옮긴이)에 해당하는 노하우, 기능으로 분류되는 것은 특허 출원을 하지 않는 편이 좋다. 반대로 형식지形式知(형식을 갖추어 표현되고 전파 및 공유할 수 있는 객관적 지식-옮긴이)에 해당하는 것들은 특허를 출원해 보호받는 편이 좋다.＊

보는 것만으로 흉내 낼 수 있는 것은 특허로 일정 기간 보호받는 편이 이득이다. 중립적 요소도 있겠지만 그 부분은 제도의 판단에 맡기는 수밖에 없다.

＊　지식을 크게 형식지(形式知, Explicit Knowledge)와 암묵지(暗黙知, Tacit Knowledge)로 나누는 방법은 헝가리 출신 영국 철학자 마이클 폴라니(Michael Polanyi)가 1958년에 발행한 저서 『개인적 지식』에서 처음으로 사용했다.

모든 것에 특허를 출원할 것은 아니지만, 특허 출원이 이기적인 것도 아니다. 어떤 의미에서 특허는 인류의 재산이기도 하니까.

특허는 사업에 활용돼야만 비로소 가치가 생긴다

당연한 이야기로 들릴 수 있겠다. 하지만 의외로 활용되지 않는 특허가 많다.

세상에는 발명을 좋아하는 사람도 있고, 아이디어가 떠오르면 즉시 특허를 출원하는 사람도 있다. 변리사를 거치지 않는 이상 그렇게까지 비용이 들지 않기에 이런 행동들이 잘못됐다고 생각하지는 않는다. 하지만 사업적 측면에서 어떤 효과도 내지 못하고 그저 특허청에 출원료를 내기만 하는 특허도 많다. 등록되고 안 되고를 떠나 단지 출원하는 것만으로는 아무런 도움이 되지 않으며, 무엇보다 이는 특허의 제1목적인 '산업의 발달에 기여'하지 않는다.

예를 들어 21세기 오늘날에도 '영구기관' 관련 특허 출원이 2000년 이후만 봐도 20건 정도 있다. 명칭을 '영구기관'이라고 적지 않은 출원도 있을 것을 생각하면, 정확히 몇 건의 출원이 있는지는 알 수 없다. 발명 명칭을 '영구기관'으로 하지 않는 출원이 더 많을 것으로 여겨지므로 지금도 연간 십~수십 건 정도 특허 출원이 이루어지고 있다고 생각해도 좋을 것이다.

이 책을 읽는 사람 중에 이 같은 행동을 하는 사람은 없을 것이라고 생각하지만, 가벼운 마음으로 특허를 출원하는 것은 그야말로 쓸데없는 일이며 다른 심사를 방해하는 일에 지나지 않음을 명심했으면 한다.

만약을 위해 설명하자면, 애초에 발명이란 특허법 제2조에 따라 '이 법률에서 '발명'이란 **자연법칙을 이용해** 창작된 기술적 사상 중 고도의 것을 뜻한다.'고 정의되어 있다(강조는 저자). 따라서 '영구기관'은 그것이 제1종이든 제2종이든 발명에 해당하지 않는다. 왜냐하면 애초에 자연법칙을 이용한 기관이 아니니까.

17세기 영국의 우스터 후작Marquis of Worcester 역시 영구기관을 고안했는데, 바퀴를 돌리면 영원히 움직일 것으로 생각했다. 지금이라면 듣자마자 웃어넘길 이야기지만, 영구기관에 매달린 사람들은 기술사상 정말 많다. 현대에도 출원하는 사람이 있을 정도이니, 그 매력이 얼마나 대단한지 알 수 있을 것이다.

영구기관의 이야기는 이쯤에서 그만하고 원래 이야기로 돌아와서, 특허는 낸다고 해서 좋은 것은 아니다. 자사의 성장전략과 연관 지어 생각해야 한다.

일본 특허청에서도 「전략적인 지식재산권 관리에 관하여-기술 경영력을 높이기 위한-'지적 전략 사례집'」이라는 사례집을 공개하고 있다. 그리고 이를 통해 '자사에서 사업으로 활용할 수 있음을 명확히 의식한 상태에서 연구 개발을 하고 그 성과물을 지식재산으로 인식'해야 함을 전한다. 맞는 말이다.

어떤 기업도 자원은 무한하지 않다. 손이 닿는 대로 특허 출원을 하는 것은 정말로 쓸데없는 행동이다. 뛰어난 발명을 지식재산으로 정하고 이를 전략적으로 활용할 수 있는 방법을 생각해 내야 한다.

엔지니어는 발명을 좋아한다. 누구도 생각하지 못한 아이디어를 사용해 문제를 해결하려 하기에 즐길 수 있다. 하지만 사업 측면으로 봤을 때 고도의 아이디어와 기술이라고 해서 혁신을 일으키는 것은 아니다. 이 점을 꼭 명심하자.

전 세계가 하나의 무대, 그곳에서는 남녀를 묻지 않지.
인간은 모두 배우에 지나지 않아. 각자 나가고 들어갈 때가 있지.
한 사람 한 사람의 인생이 다양한 역할을 연기하는 거야.
— 셰익스피어, 「뜻대로 하세요」, 제2막 제7장(후쿠다 쓰네아리 옮김)

CHAPTER 4

커리어를
높이기 위한
'이직'

시간 vs 능력,
엔지니어는 무엇을 팔아야 할까?

시간을 팔면 일이 힘들어진다

똑같은 이야기를 몇 번이고 하는 것 같아 미안하지만, 도널드 E. 슈퍼Donald E. Super의 이 말을 떠올리길 바란다. '일이란 자신의 능력과 흥미, 가치관을 표현하는 것이다. 그렇지 않다면 일은 지루하고 무의미한 것이 되어 버린다.'

직장에 속한 회사원이라면 어느 정도 시간을 구속당하는 것은 어쩔 수 없다. 9시부터 18시, 혹은 18시 30분까지의 시간을 사회에 파는 대신 급료를 받는다고 생각한다. 혹은 그 시간 넘어서도 일이 있어 회사에 남아 '오늘은 ○시간 잔업이니까 잔업수당으로 ○원을 받겠다.'라는 생각을 하며 순간의 기쁨을 느낀다.

하지만 이런 자세로는 일에 대한 부정적인 인식만 키우게 된다. 일로써 자신의 능력과 흥미, 가치관을 표현하고 그 대가로 급료를 받는 만큼, 직원이 회사에 팔아야 하는 것은 시간이 아니라 능력이어야 한다.

이는 엔지니어만이 아니라 모든 직종에 해당하는 이야기다. 특히 높은 전문성이 있어야 하는 직종에 종사하는 사람이라면 더더욱 이러한 자세를 갖춰야 한다.

사회나 조직 혹은 관리직도 이 점을 항상 유념해야 한다. 높은 전문성을 요구하는 직종의 팀원을 잘 관리하려면 그에게서 시간을 빼앗지 말고 능력을 추출해야 한다는 이야기다. 시간을 조각내 파는 것에 그치는 일이라면, 설사 한 달에 10시간만 일해도 괴로울 것이다. 하지만 능력을 팔고 그에 상응하는 대가를 받는다고 생각하면 한 달에 100시간을 일해도 괴롭지 않다.

이것이 가능해지면 설령 일상 업무라도 그 업무 안에서 창조성을 발현할 수 있게 된다. 비창조적인 일상 업무도 창조적으로 개선할 수 있게 되는 것이다.

엔지니어는 어디까지나 능력을 팔아야 한다

일반 사무직이나 종합직과는 달리 전문적인 업무를 처리하는 엔지니어의 보수는 얼마나 일했느냐가 아닌, 어떤 성과를 얼마나 냈는지에 따라 정해진다고 생각해야 한다. 엔지니어는 능력과 전문 지식을 최대한으로 살려 누구나 즐길 수 있는 성과물, 어디에나 이용할 수 있는 성과물을 내는 것을 최고의 목표로 삼았으면 한다.

물론 분야에 따라서는 그렇지 않은 엔지니어도 있다. 인프라 계열 엔지니어라면 전기가 잘 공급되게 만드는 것이 당연하고 지하철이 안전하게 운행되도록 하는 것이 당연하다. 어떤 의미에서 엔지니어 대부분은 보이지 않는 곳에서 사회를 위해 묵묵히 일하는 존재다. 널리 알려진 엔지니어는 건축가 정도가 아닐까.

건축가 중에서도 디자인 담당자는 유명해지지만(의장 부분), 구조 건축가가 알려지는 일은 거의 없다. 공업제품에서도 디자이너의 이름이 나올 때는 있어도 엔진이나 차대, 브레이크를 설계한 사람의 이름이 알려지는 일은 일반적으로 없다.

하지만 여기에 불만을 가지는 엔지니어는 없을 것으로 생각한다. 엔지니어 대부분 자신이 보이지 않는 곳에서 사회를 위해 일하는 존재라는 사실에 만족해한다. '우리가 안전한 사회의 토대를 만든다.' 이것만으로 충분하다. 단, 그렇기에 반드시 능력을 팔아야 하며, 관리자와 경영자는 이러한 엔지니어의 능력을 살리고 알맞은 대가를 제공해야만 한다.

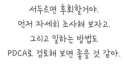

시간을 사려고 하는 회사에서는
떠나는 수밖에 없어.
이직하고 싶은 마음은 굴뚝같지만,
마음만으로는 미래가 걱정돼.

서두르면 후회할거야.
먼저 자세히 조사해 보자고.
그리고 일하는 방법도
PDCA로 검토해 보면 좋을 것 같아.

시간을 사려는 회사라면 떠나는 수밖에 없다

세상에는 여러 유형의 경영자가 있다. 일본 특유의 이과계, 문과계로 나누는 방식으로 보면 경영자는 주로 문과계 출신이다. 통계 범위를 중소기업에까지 넓히면 더 다양한 결과가 나오지만, 그럼에도 이과계 경영자가 더 많다는 조사 결과는 단 한 건도 없다. 물론 대학, 고등전문학교(단기간에 중급기술자를 양성하기 위한 전문직업 교육기관. 고등학교와 전문학교를 합한 것과 같은 5년제 학교로, 15세부터 입학할 수 있다-옮긴이), 고등학교를 합쳐도 이과를 공부한 사람 수가 적기는 하다. 약 6:4~6.5:3.5 정도다. 하지만 이 결과를 경영자 한정으로 보면 8:2~7.5:2.5 정도로 문과 출신이 많다.

그래서인지는 알 수 없지만, 색안경을 끼고 기술계 직원을 바라보는 사회나 조직이 많다. 특히 기초 연구 단계에서는 단기간에 성과를 낼 수 없고, 지금 개발 중인 제품이 올해나 내년에 유행할지는 알 수 없다. 이 점을 이해해 주는 중간 관리직이 있으면 좋지만, 그렇지 않다면 이직을 생각하는 것도 한 방법이다.

단, 이직을 그다지 좋게 보지 않는 회사도 많으므로 무작정 이직하는 것은 절대 금물이다. 적어도 충분한 조사를 거친 뒤 계획을 세워 이직해야 한다. 이를 위해 최근 급증한 에이전트 회사를 이용하는 것도 좋은 방법이다. 에이전트 회사마다 전문 분야가 있으니 의뢰하기 전에 이런 점들도 충분히 조사하자.

당신의 인생이 걸린 일이다. 반년이나 1년 정도의 시간을 조사하는 것이 좋다. 그렇지 않으면 순간적인 기분에 휩싸여 회사를 향한 애정을 잃어버리고는 "그만두겠습니다!"라며 사직서를 내던진 뒤 얼마 지나지 않아 후회하는 상황이 벌어질 수 있다.

조직과 개인이 부딪힌다면, 역시 조직 쪽이 강하다. 우수한 사원이 떠나는 일은 조직으로서도 뼈아픈 일이지만, 그 일로 조직이 무너지는 일은 없다. 그러나 개인은 그렇지 많다. 급료를 받지 못해 생활비를 마련하지 못하면, 당신과 당신의 가족은 살 수 없다.

Section 2

당신의 가치관, 능력, 흥미가
표현되고 있는가?

자신이 잘할 수 있는 분야를 찾자

어떤 특별한 사정이 있지 않은 이상, 사람은 일평생 일을 계속 해야 한다. 자는 시간을 빼고 일생에서 가장 큰 비중을 차지하는 것이 일하는 시간이다. 일에 많은 시간을 할애해야 하는 삶을 피할 방법이 없다면 조금이라도 즐겁게 일하는 편이 좋지 않을까.

그러니 앞에서 이야기한 도널드 E. 슈퍼의 말은 사실이다. 일로 자신의 가치관이나 능력, 흥미를 드러낼 수 있다면, 그 사람의 인생은 즐거움으로 가득 찰 것이 분명하다.

하지만 여기서 주의할 점은 단순히 '좋아서 한다' 정도로는 안 된다는 점이다. 좋아한다는 이유만으로는 높은 전문성을 요구하는 분야에서 살아남기 어렵다. 바꿔 말하면 경쟁에서 진다는 뜻이다. 도널드 E. 슈퍼가 한 말의 요점도 좋아하는 일을 하라는 데에 있지 않고, '자신의 가치관이나 능력, 흥미'를 드러내는 데에 있다. 당신의 능력을 어떤 부분에서 활용할지 그 발견이 빠를수록 충실한 삶, 즐거운 인생을 보낼 가능성이 커진다.

물론 좋아하는 일과 잘하는 일이 겹친다면 문제는 없다. 극단적인 예시만, 메이저리그의 일본인 선수 스즈키 이치로는 야구를 좋아하고, 잘하는 일 역시 야구인 사람이다.

엔지니어가 목표인 사람 중에도 어린 시절부터 기계를 만지작거리거나 조립식 장난감을 좋아했던 사람이 많을 것이다. 그러니 좋아하는 일과 잘하는 일이 크게 다르지는 않으리라고 본다. 거기서 범위를 더욱 좁혀 잘하는 분야를 발견한다면 즐거운 인생을 보낼 수 있을 것이다.

어쨌든 써보는 것이 중요

자신에 관한 일은 자신이 잘 안다고 생각하지만, 의외로 그렇지 않다. 이런 의미에서 꼭 다음과 같은 방법을 혼자서 해 보길 바란다.

먼저 좋아하는 것, 잘하는 것을 써 보자. 대형 포스트잇(75mm

×50mm 이상)을 사용하면 편하다. 포스트잇 한 장에 한 가지 일을 적자. 200장 사용이 목표다. 적을 때는 이것저것 생각하지 않고 쓰는 일에 집중하자. 누가 볼 것도 아니니까 조금 이상하게 보일 일도 일단 적자.

이때 적어 넣은 좋아하는 것, 잘하는 것의 항목에 잘하는 것이라면 '잘', 좋아하는 것이라면 '좋'이라고 써두자. 포스트잇의 우측 상단부에 적으면 된다. 200장이라는 수치는 최대 목표이므로 200장이 되지 않아도 좋다. 그렇다고 100장이나 150장으로는 부족하다. 이제는 없다, 더는 없다는 생각이 든 순간부터 정말로 좋아하는 것, 잘하는 것이 나오기 시작한다. 즉, 오랜 시간 생각해야만 나온다는 뜻이다. 그러니 최대한 집중하고 한 번에 적는 편이 좋다.

다 적었다면 이번에는 그 포스트잇들을 나열해 같은 항목으로 묶을 수 있는 일들을 분류하자. 200장이라면 대략 15~20종류 정도로 나뉜다. 그리고 각 항목 중에서 가장 잘하는 일, 가장 좋아하는 일을 고르자.

그렇게 선별한 것 중에서 마지막으로 3~5장을 고르자. 그렇게 마지막까지 남은 목록들이 당신이 쓴 200가지 일 중 가장 좋아하는 일, 가장 잘하는 일 베스트 5가 되는 것이다.

이 방법을 1년에 한 번, 학생이라면 3년 정도 반복하면, 자신의 흥미나 능력을 제대로 볼 수 있게 된다. 사회인이라면 매년 할 필요는 없다. 25세, 30세, 35세 등 기간을 정해 주기적으로 해보면 된다.

끝내 자신이 좋아하는 것과 잘하는 것을 찾아내지 못해 괴로운 길, 불행한 길을 걷는 사람이 많다. 이렇게 되지 않기 위해 자신에 관해 생각할 나이가 되었다면 포스트잇을 잔뜩 사서 자신을 파헤쳐보아야 한다.

심리테스트는 믿을 수 없다

취직이나 이직할 때 심리테스트나 성격진단을 받는 사람이 있다. 앞에서 이야기한 포스트잇을 사용한 자기 탐구보다 확실히 심리테스트가 더 간단하다. 질문에 대답하기만 하면 되니까. 머리를 써서 자신이 좋아하는 것, 잘하는 것을 생각할 필요가 없다.

그렇다면 심리테스트는 믿을 만한 방법일까? 답은 '아니오'다.

미국의 심리학자 버트럼 포러Bertram Forer가 실험으로 밝혀 유명해진 사실이 있는데, 바로 심리테스트에는 포러 효과(바넘 효과 Barnum Effect 라고도 한다-옮긴이)가 있다는 사실이다. 포러 효과란 누구에게나 해당하는 듯한 일반적인 성격을 나타내고 있는 진단지의 문제를 보고 '이건 진짜 맞아', '나를 두고 하는 말인데?'라고 생각하는 현상을 뜻하는 심리학적 표현이다. 이것은 누구라도 자신을 알고 싶어 하기에 발생하는 현상으로 여겨진다.

아무런 추가 설명 없이 포러가 제시한 심리 분석 결과를 나타낸 문장을 읽어 보자.

1. 당신에게는 사람들에게 사랑받고 존경받고 싶어 하는 강한 욕구가 있다.

2. 당신은 자신을 비판하는 경향이 있다.

3. 당신에게는 아직 발현되지 않은 잠재능력이 많이 있다.

4. 당신의 성격에는 약한 부분도 있지만, 일반적으로 극복하는 능력이 있다.

5. 당신의 성격적인 적응에는 문제가 없다.

6. 당신은 외면적으로는 규율을 지키고 자제하고 있지만, 내면적으로는 불안하고 고민을 안고 있다.

7. 당신은 올바른 일을 했는지, 올바른 판단을 내렸는지를 때때로 심각하게 고민할 때가 있다.

8. 당신은 어느 정도 변화나 다양성을 좋아하지만, 제약이나 한정이 많으면 불만을 느낀다.

9. 당신은 혼자의 힘으로 무언가를 해 내는 것을 중요시하고, 충분한 근거가 있지 않은 이상 타인의 말을 받아들이지 않는다.

10. 당신은 자신의 비밀을 상대방에게 정직하게 밝히는 행동을 현명하지 않다고 생각하는 편이다.

11. 당신에게는 외향적이고 우호적이며 사교적인 면과 내향적이고 신중하며 조심스러운 면을 가지고 있다.

12. 당신의 바람 중에는 상당히 비현실적인 것들도 있다.

13. 평범하게, 무탈하게 사는 것은 당신의 인생 목표 중 하나다.

(출처. 무라카미 요시히로, 『심리테스트는 거짓이었습니다(心理テストはウソでした)』, 닛케이PB)

혹시 심리테스트 결과로 이 13항목의 내용이 나왔다면 당신은 사실이라며 받아들일 것인가? 위의 항목은 포러가 1948년에 테스트에 사용하던 것들로, 수십 명의 학생이 '0: 전혀 그렇지 않다'부터 '5: 매우 그렇다'까지 0~5점으로 평가를 했는데 평균 4.26점이 나왔다. 즉, 학생 대부분이 '매우 그렇다'에 체크했다는 뜻이다.

70년 전과 지금, 과연 얼마만큼의 차이가 있을까? 측정 방법은 다소 바뀌었을지언정 결과의 신뢰성은 거의 같을 것으로 생각한다. 심리 측정이 진보한 원인은 여러 가지가 있겠지만, 가장 큰 요인으로 기능적 자기 공명 영상fMRI(functional magnetic resonance imaging)의 보급에 있을 것이다. fMRI는 특히 혈류혈액량을 시각화하는 장치다.

　심리 테스트 자체를 부정한다는 의미는 아니지만, 자신의 인생을 결정하는 데 기준이 될 정도로 신뢰할 만한 것은 아님을 알아두는 것이 좋다. 심리 테스트가 맞지 않다면, 역시 자신의 힘으로 자신을 알아가는 수밖에 없다.

자발적인 성장 동력이 있는가?

나의 컴피턴시에 대해 생각해 부자.

- 직장에서 나의 능력, 흥미, 가치관을 충분히 표현하고 있는가?
- 능력과 시간 중 무엇을 팔고 있는가?

Section 3

엔지니어의 이직률은 높지 않다

엔지니어 고용 유동성은 아직 낮다

IT 엔지니어 쪽은 많이 바뀌었지만, 하드웨어 관련 엔지니어 쪽은 고용 유동성이 여전히 낮다. 뒷장에서 소개하겠지만, 특히 최근 이직률이 더 떨어지고 있다. 하드웨어 엔지니어만이 아니라 모든 업계에서 하락하고 있다. 이와 관련해 일본 후생노동성이 신빙성 있는 연구 결과를 발표하기도 했다.

엔지니어와 연관된 업계는 142~143쪽의 건설업, 제조업, 정보통신업이다. 142쪽의 학술연구, 전문·기술 서비스업은 전문적인 컨설턴트를 포함하므로 관련 업계라고 생각해도 좋을 것이다. 이 결과에는 문과계 영업사원들의 이직도 반영되어 있지만, 엔지니어는 문과계와 비교해 이직률이 낮다는 점을 고려한 상태에서 전제적인 경향(추이)을 보길 바란다.

신규대학 졸업자의 산업분류별(대분류*) 대학 졸업 3년 후※ 이직률 추이**

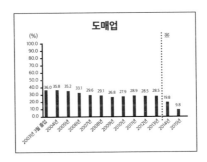

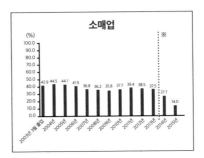

*   일본은 2007년(헤이세이 19년) 11일 산업분류가 개정되었다.

**   2014년 3월 졸업자는 취업 2년 후, 2015년 3월 졸업자는 취업 1년 후의 이직률을 기재하고 있다.

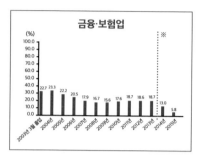

금융·보험업

(%)

22.7 23.3 22.2 20.5 17.9 16.7 15.6 17.6 18.7 18.6 18.7 13.0 5.8

2003년 3월 총단 2004년 2005년 2006년 2007년 2008년 2009년 2010년 2011년 2012년 2013년 2014년 2015년

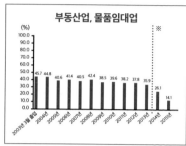

부동산업, 물품임대업

(%)

45.7 44.8 40.6 41.4 40.5 42.4 38.5 39.6 38.2 37.8 35.9 26.1 14.1

2003년 3월 총단 2004년 2005년 2006년 2007년 2008년 2009년 2010년 2011년 2012년 2013년 2014년 2015년

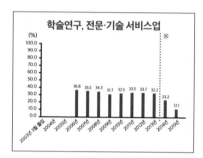

학술연구, 전문·기술 서비스업

(%)

36.8 35.5 34.3 31.7 32.5 33.5 33.7 32.2 23.2 12.1

2003년 3월 총단 2004년 2005년 2006년 2007년 2008년 2009년 2010년 2011년 2012년 2013년 2014년 2015년

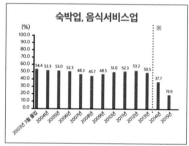

숙박업, 음식서비스업

(%)

54.4 53.3 53.0 52.3 48.3 45.7 48.5 51.0 52.3 53.2 50.5 37.7 19.9

2003년 3월 총단 2004년 2005년 2006년 2007년 2008년 2009년 2010년 2011년 2012년 2013년 2014년 2015년

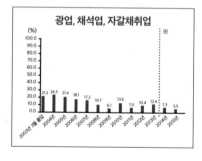

광업, 채석업, 자갈채취업

(%)

21.2 24.3 21.4 18.1 17.2 10.7 6.1 13.6 7.0 10.4 12.4 7.3 5.5

2003년 3월 총단 2004년 2005년 2006년 2007년 2008년 2009년 2010년 2011년 2012년 2013년 2014년 2015년

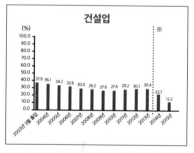

건설업

(%)

37.9 36.1 34.2 32.6 30.0 29.2 27.6 27.6 29.2 30.1 30.4 22.7 12.2

2003년 3월 총단 2004년 2005년 2006년 2007년 2008년 2009년 2010년 2011년 2012년 2013년 2014년 2015년

142

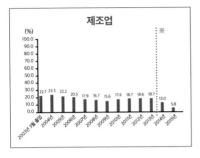

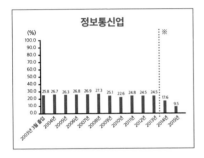

(출처: 일본 후생노동성 통계국)

위 그래프에서 대학 졸업 후 3년째 되는 직장인의 이직률을 찾아볼 수 있다. 세로 점선 우측은 입사 2년, 1년 차이니 그래프가 낮은 것은 당연하지만, 전체적으로 봤을 때 그래프가 점점 하강하고 있음을 할 수 있다. 물론 변화하지 않은 업계도 있다. 제조업은 10년 전에는 20%를 넘었지만, 지금은 18% 정도다. 이직률이 상대적으로 높은 IT업계는 정보통신으로 분류되어 있다. 제조업보다 높지만 그래도 25% 정도다. 반대로 말하면 4명 중 3명은 3년이 지나도 같은 회사에 재직 중이라는 뜻이다. 문과계의 이직률이 높다는 점을 생각했을 때 엔지니어 대부분은 이직하지 않는다고 생각할 수 있겠다.

유동성이 낮다는 것은 이직 리스크가 크다는 뜻

고용 유동성이 낮다는 것은 이직 리스크가 크다는 것을 의미한다. 즉, 소수파라는 말이다. 게다가 일본은 '세계화'를 외치면서 세계의 흐름을 유일하게 역행하고 있다. 하지만 어느 곳에서는 이런 현상을 부수려 할 것이다. 일본은 산업구조 자체를 바꾸지 않는 이상 세계 경제 안에서 살아남을 수 없는 상태다. 다시 쇄국 정책을 내세운다면 모르겠지만, 지금 그것이 가능할 리 없다.

'취직就職'이라는 단어를 분해하면 '직職장으로 나간다就'는 뜻이다. 일본에서는 단어 뜻 그대로 회사에 들어간다는 의미로 사용된다. 하지만 잘 생각해 보자. 엔지니어는 기술적인 전문가이기에 그 자체로 취업이다. 즉, '엔지니어가 된다＝취직'인 것이다. 학업을 수료하고 엔지니어의 길에 발을 내디딘 단계에서 이미 당신은 취직한 것이나 다름없다. 입사가 첫 단계가 아니다. 그리고 인생의 목적은 행복해지는 것에 있기에, 엔지니어로 취직한 당신은 그 안에서 행복을 느끼는 인생을 만들어 가야 한다.

이제 막 대학을 졸업해서 세상이 어떻게 돌아가는지, 무엇이 세상을 돌아가게 만드는지 잘 모를 때는 어쩔 수 없지만, 정말로 자신의 흥미와 능력을 충분히 발휘할 수 있을 것 같은 분야를 발견하면 그 길로 나아가는 것도 좋다. 만약 처음 고른 회사에서 실현할 수 있을 것 같다면 그것만큼 다행한 일은 없겠다.

주의해야 할 점은 이직이 만능이 아니라는 점, 이직에는 리스크가 따른다는 점이다. 그래도 자신의 흥미, 능력, 가치관을 드러낼 수 있는 분야를 발견했다면 머뭇거리지 말고 그 길을 걷겠다는 마음가짐을 가지길 바란다.

Section 4
이력서는 업무보고가 아니다

지원서에는 무엇을 써야 할까

여기에서는 인터넷에서 쉽게 볼 수 있는 '오·탈자, 문장 분량을 신경 쓸 것' 같은 이야기는 적지 않으려 한다. 이와 관련한 주의점은 취업 준비용 책을 찾아서 조사하길 바란다. 제출 기한 같은 내용도 마찬가지다.

지인 중에 인사 전문 블로그를 운영하는 사람이 있다. 그는 "돈을 내고 지식과 기술을 배우는 '학교'와 급료를 받고 자신의 능력을 제공하는 '기업'은 완전히 다른 조직임을 아는 사람이 없다." 라고 입버릇처럼 말하곤 한다. 그는 회사 설명회에서 "취직할 때까지 무엇을 준비해야 합니까?"라는 질문을 하는 학생은 거의 채용하지 않는다고 한다.

이런 초보적인 것과는 별개로 엔지니어가 이력서를 쓸 때 주의해야 할 점을 짚고 넘어가자. 단, 어디까지나 이직용이다. 대학 졸업자를 위한 취직 활동 서적은 널리고 널렸으니 그런 책을 읽고 배우면 된다.

첫 번째로, 당신은 어떤 경력을 쌓았으며 무엇을 할 수 있는가?

경험한 것을 블로그나 일기에 적듯이 끼적끼적 적는 것은 물론 예외다. 이 항목에서 먼저 도입 부분에 적어야만 하는 내용은 다음 세 가지다.

1. 그 업무의 목적
2. 그 업무에서 나의 역할
3. 어떤 위치에서 어떤 책임감으로 그 일을 했는가

이 세 가지는 반드시 명확하게 써야 한다. 그러니 다 썼다면 이 세 가지가 명확하게 적혔는지를 읽으며 확인하길 바란다. 가능하다면 다른 사람에게 보이자.

다음으로 매우 중요한 본론 부분인데, 여기서도 세 가지다.

1. 업무의 배경이 설명되어 있는가?

2. 문제 해결 사고법(왜 그 해결책이 좋았는가?)이 설명되어 있는가?

3. 최종적으로 성과가 설명되어 있는가?

성과는 결과와 다르다. 이력서에 써야 하는 업무는 성과를 낸 업무 한정이다. 그리고 마지막 결론 부분 역시 세 가지에 유의하자.

1. 그 문제를 해결하면서 얻은 능력, 지식, 스킬이 표현되어 있는가?

2. 애초에 당신에게 무엇이 부족했던 것인지 일목요연하게 표현되어 있는가?

3. 이후 어떤 방법으로 능력을 육성할 것인지 밝혀져 있는가?

위의 항목들이 확실히 적힌 이력서가 훌륭한 이력서다. 채용 측에서는 위의 내용을 알고 싶어 하기 때문이다.

업무와 성과를 구분할 줄 알아야 한다

엔지니어가 이력서를 쓸 때 가장 저지르기 쉬운 잘못으로 '특허를 ○건 취득함', '경영자 표창 받음' 같은 내용을 쓰는 것이다. 혹은 매우 유명한 제품을 이야기하며 '이 제품은 내가 설계했다'

등을 언급하는 것도 마찬가지다. 정말로 그렇다고 해도 그것은 과거 직장에서의 성과에 지나지 않는다.

거기에 더해서 이력서에 그동안 해 온 일을 모두 적는 사람이 많다. 높은 평가를 받은 일일수록 이력서에 빠트리면 안 될 것 같지만 당신을 채용하는 쪽은 그렇게 생각하지 않는다. 그들은 당신이 새로운 직장과 업무에 적응해서 과거 이상의 성과를 낼 수 있는지에 관심이 있다. 그러니 과거의 실적보다 무엇을 경험했고, 무엇을 배웠으며, 그것을 앞으로 어떻게 활용하려 하는지를 중점적으로 써야 한다.

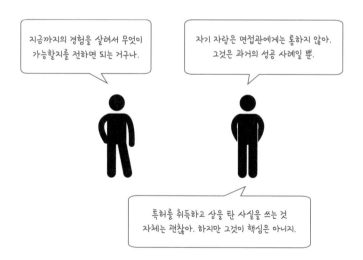

지금까지의 경험을 살려서 무엇이 가능할지를 전하면 되는 거구나.

자기 자랑은 면접관에게는 통하지 않아. 그것은 과거의 성공 사례일 뿐.

특허를 취득하고 상을 탄 사실을 쓰는 것 자체는 괜찮아. 하지만 그것이 핵심은 아니지.

'이것도 했습니다. 저것도 했습니다.'라고 쓴 이력서는 자기 자랑에 지나지 않는다. 다른 사회나 조직에서의 업무 성과를 보고해 봤자 새로운 직장의 인사담당자는 기쁘지 않다. 당사자야 신나게 이야기하겠지만, 듣는 쪽은 지겹기만 할 것이다.

반대로 실패 사례라도 '이 프로젝트는 ○○이 원인으로 그다지 좋은 결과를 내지는 못했지만, 이를 통해 ◇◇을 배웠고, 다음 프로섹트에 활용해 성과를 얻었습니다.' 같은 식으로 설명한다면 괜찮다. 단, 실패 경험을 말할 때는 반드시 추상화, 일반화를 거쳐 다른 사례에도 응용할 수 있음을 함께 보여주어야 한다.

Section 5

동종업계 이직 시 유의해야 할 점

직업 선택의 자유와 묵비의무

최근에 자주 소송으로 이어지는 퇴직 후 묵비의무에 엔지니어, 특히 개발 프로젝트에 참여한 엔지니어는 이직할 시 충분한 주의를 기울여야 한다.

사회, 경제, 정세의 변화에 따라 고용 유동성이 커지고 이직 역시 활성화되어 자연스레 퇴직 후 묵비의무, 경업 금지 의무와 관련한 소송이 증가하는 추세다.

노동사라면 누구나 이식 선에 익힌 지식, 경험 및 기능 능을 살려 일하고 싶어 한다. 하지만 한편으로 개발 정보나 영업 비밀, 기술적 노하우 등이 노동자의 퇴직과 함께 유출될 수 있다고 생각하면 기업 측도 곤란하다. 물론, 경쟁 업체를 이용해 자사가 겪는 또는 겪을 불이익을 회피하고 싶어 하는 기업의 심리도 이해할 수 있다. 이처럼 퇴직 후 묵비의무, 경업 금지 의무의 문제는 대립하는 두 가지 이익의 이해관계에 관련되어 있다. 한마디로 설명하자면 다음 도식과 같다.

직업 선택의 자유 ⟺ 경업競業 금지 의무

경업 금지 의무를 둘러싼 유명한 판례

이해를 돕기 위해 유명한 판례를 하나 소개하려 한다.

일본 컨벤션 서비스 사건

일본 컨벤션 서비스는 국제회의 기획 및 운영을 주로 하는 회사다. 그런데 이 회사에서 일하는 직원 몇몇이 일본 컨벤션 서비스를 퇴직해 새로운 동종 사업체를 차리려 했다. 이를 안 컨벤션 서비스는 그들을 징역 해고하고, 취업 규칙에 신설 규정을 추가해 퇴직금을 지급하지 않았다.

이 사건과 관련해 최고재판소(우리나라의 헌법재판소에 해당-옮긴이)가 내린 판결은 다음과 같다.

'일반적으로 노동자는 노동 계약이 종료되면 직업 선택의 자유에 따라 경쟁영업 행위를 행할 수도 있으므로 노동 계약이 종료된 이후까지 경업 금지 의무를 행할 필요는 없다.

하지만 한편으로 사용자는 노동자가 사용자의 영업 비밀과 연관됐을 때, 영업 비밀의 유출을 막기 위해 퇴직 후에도 노동자에게 경업 금지 의무를 부과할 필요가 있으며, 그러한 규정을 취업 규칙에 추가하는 행위의 합리성 역시 어느 정도 인정된다. 따라서 종업원에게 퇴직 후 일정 기간 경업 금지 의무를 부과하는 규정도 유효하다고 볼 수 있지만, 적용에 있어서는 규정의 취지, 목적에 비추어 필요 혹은 합리적인 범위에 한정되어야 한다.

그리고 그 점을 판단함에 있어서는 보호하려는 운영상 이익의 내용, 특히 목적이 기업상 비밀을 보호하려는 것에 있는지, 더불어 그것과 종업원의 관련성, 경영 금지 의무를 부담하는 기간과 지역, 재직 중 영입 비밀과 관련해 종업원에게 내상代償 조치가 이루어졌는지 아닌지를 고려해야만 한다.'(최고재판소 2000년(헤이세이 12년) 6월 16일, 판결문 인용)

이 사건 이후 최고재판소의 판결을 따라 법원은 다른 사건에서도 다음과 같이 판결을 내렸다.

'종업원과 사용자간에 체결된, 퇴직 후 경업 금지에 관한 합의는 그 성질상 충분한 협력이 이루어지지 않은 채 체결되는 때가 적지 않고, 더불어 종업원이 가진 취업 선택의 자유 등을 심각히 제약할 위험성이 내제해 있나는 점을 고려한다면, 경입 금지 의무의 빔위에 관해시는 종업원의 경쟁영업 행위를 제약하는 합리성을 바탕으로 한 필요 최소한의 내용에 한정 지어 그 효력을 인정하는 것이 타당하다. (중략) 종업원이 취업 중에 얻은 매우 일반적인 업무와 관련된 지식, 경험, 기능을 활용해 이루어진 업무는 경업 금지 의무의 대상이 될 수 없다.'(도쿄지방법원 2005년(헤이세이 17년) 2월 23일, 판결문 인용)

명확한 규정이 없으면 묵비의무를 엄격히 강제할 수 없다

이것은 기술적인 정보만이 아니라 고객 정보 등 영업 관련 정보도 포함이다. 다른 판례에서도

'종업원이 퇴직한 후에는 취업 선택의 자유가 보장되어야 하므로 계

약상 비밀 유지 의무의 범위에 관해서는 그 의무의 부과가 합리적이라고 볼 수 있는 내용에 한정 지어 해석하는 것이 타당하다.'(도쿄지방법원 2008년(헤이세이 20년) 11월 26일, 판결문 인용)

이같이 판결했다. 내용을 읽어보면 알 수 있듯이 기업에 일방적으로 유리한 판결은 아니다.

이 때문에 타 경쟁업체로 이직해도 영업상 노하우나 고객 명부 등과 같은 영업 비밀을 부정하게 빼 오거나, 신규 개발 중인 제품의 도면을 몰래 훔치는 행위같이 명백히 그 배반성이 나타나지 않는다면 그렇게 신경 쓰지 않아도 된다. 물론 타 동종회사로 이전했다는 이유로 손해배상을 요구하는 행위도 인정되지 않는다.

그래도 유의해야 할 점

퇴직 시 묵비의무 계약을 새로이 규정에 추가한 기업이 늘고 있다. 물론 본인이 직접 서명 날인을 했다고 해서 무엇이든 지켜야 하는 것은 아니다. 앞에서 이미 이야기한 대로다. 하지만 모처럼 이직해 새로운 환경에서 입무를 시작하려 할 때 이전 회사에 소송당해 법원을 들락날락해야 한다면 재판 결과를 떠나 새로운 생활에 큰 지장이 생긴다.

그러므로 서약서를 잘 읽고 자신이 이후 맡을 일에 문제가 되지 않는지를 신중하게 판단해야 한다. 이 정도 주의도 기울이지 않는다면 이직은 애초에 생각조차 않는 편이 낫다. 인성에 관한 평가는 제쳐두고, 청색 LED를 개발한 공로를 인정받아 노벨상을 수상한 과학자 중 한 명인 나카무라 슈지 교수는 연구를 지원해준 기업을 퇴직하면서 묵비의무 서약서에 서명을 거절했다.

가장 잘못된 행동은 어차피 아무에게도 들키지 않으리라 생각해 쉽게 서명 날인을 하는 것이다. 생각해 보자. 당신은 개발 중의 실험 데이터를 확인하는 서류에 서명할 때, 도면을 검토하는 서류에 서명할 때 내용을 읽지 않고 그냥 서명하는가?

묵비의무에는 앞으로 당신이 어떤 업무를 맡아야 하는지가 쓰여 있다. 마침표 하나에도 주의를 기울여 읽은 뒤 서명하길 바란다. 때에 따라서는 서약서를 들고 법률 전문가의 자문을 구할 생각도 해야 한다. 안일하게 생각하다 마지막에 곤란한 지경에 빠지는 사람은 다름 아닌 당신이다.

해외 이직 시 기술 누출, 묵비의무 문제

해외 활약은 나쁜 것이 아니다

여기서는 역시나 많은 문젯거리가 되는 '해외 기업으로의 이직'에 관해 생각해 보고자 한다. 일본에서는 한국이나 대만 기업으로 이직하는 기술자들을 '배신자'로 보는 경향이 있다. 하지만 이것은 잘못된 태도다.

무엇보다 편협한 내셔널리즘은 잊어라. 기술에는 국경이 없다. 환경 문제 같은 문제는 일본 혼자서 해결할 수 없다. 그러니 일본을 벗어나 해외 기업으로 처지해 활약하는 것도 매우 좋은 판단이다. 연령이 어느 정도 젊지 않고서는 체력적으로 힘들다는 문제가 있기는 하지만 말이다. 안전 보장 관련 기술자들은 그렇지 않다고 하는데, 이 또한 매우 특별한, 극소수에 해당하는 사람에게만 해당하는 이야기다.

정년퇴직 후 지금까지의 경험을 살려 자신을 높게 평가해 주는 해외 기업으로 가면 좋겠지만, 현실적으로 조금 힘들다. 물론 젊을 때부터 해외 근무가 잦았고 그 나라의 문화나 풍습에 익숙하다면 그다지 신경 쓸 필요는 없을 것이다. 하지만 계속 국내에서만 근무하고 해외는 여행으로만 갔던 사람이라면 해외 이직은 그만두는 편이 낫다. 몸이 망가져 귀국하는 사람이 많기 때문이다.

해외 기업으로 이직했을 때 묵비의무

어느 정도 고령의 엔지니어라면 그가 가진 기술적 경험과 지식을 높이 사 외국 기업이 초빙하는 경우도 있는데, 이때 지금까지 소속했던 회사와의 묵비의무는 일정 기간 지켜야 한다. 이것은 국내 기업에 대해서도 마찬가지인 만큼 해외 기업을 상대로라면 더욱 주의해야 한다. 가장 좋은 방법은 논문이나 특허로 공개된 정보 외에는 밝히지 않는 것이다.

더불어 면접에서 곤란한 질문을 받았다면 "묵비의무가 있어 말할 수 없다."고 단칼에 거부하는 것이 아니라 "발설 금지 원칙 때문에 말할 수 있는 범위 내에서 설명하겠다."라고 양해를 구한 뒤 사전에 준비한 내용을 설명하자. 직무 이력은 반드시 질문받을 테니 미리 만반의 준비를 해 두어야 한다.

해외 기업의 약진에 신경을 그다지 쓰지 않는 일본 내 기업 중에서도 전前사원이 묵비의무에 반하는 행동을 하자 부정 경쟁 방지법이라는 법률에 의거해 소송을 걸기도 했다. 이때는 비밀을 유출한 사원만이 아니라 비밀임을 알면서도 들은 사람도 같이 죄를 묻는다. 대부분 대단한 죄가 되지는 않지만, 재판으로 이어진다면 정신적으로 힘들어진다. 성가신 일은 처음부터 만들지 않는 편이 좋다.

단, 이때의 기업 비밀이란 외부에서는 절대 알 수 없는 비밀을 의미하므로 그 요건이 매우 엄격히 제한된다. 예를 들어 전산화된 데이터나 서류의 유출은 당연히 묵비의무 위반이다. 하지만 머릿속에 있는 지식이나 추상적, 일반적이라고 여겨지는 기술은 해당하지 않는다.

어느 기업이든 지식재산 보호나 부정 경쟁 방지 차원에서 규정을 만들고 이를 지킬 것을 사원에게 요구한다. 이와 관련한 판례를 전문적으로 다루는 변호사는 "지식재산을 외부에 누출되지 않게 하는 가장 좋은 방법은 직원이 이직할 마음을 갖지 않게 하는 것이다."라고도 말한다. 그리고 직원이 이직할 마음을 갖지 않게 하는 가장 좋은 방법은 직원의 능력이나 흥미의 대상이 업무를 통해서 표현, 발휘될 수 있는 환경을 제공하는 것이다.

과거와는 달리 해외 기업으로 이직하는 일본인이 조금씩 늘고 있다. 이는 개인의 능력을 중시하는 해외 기업의 평가 제도가 일본 엔지니어들 사이에서도 인정받고 있다는 뜻이 아닐까.

묵비의무와는 다른 윤리적 문제

이전 회사의 상무나 특정 인물에 대한 비판이나 나쁜 소문을 퍼뜨리는 행동은 앞에서 이야기한 내용과는 완전히 별개의 문제다. 이와 같은 행동은 그 어떤 이유에서든 이직한 회사에서 해서는 안 된다. 그러므로 이직 사유에 인간관계는 넣지 않는다.

엔지니어는 학회나 협회 활동 등을 통해 어떻게든 연결 고리가 생기므로 이야기가 어디로든 새어나갈 수도 있다. 또한, 해외 기업이더라도 나쁜 소문이나 직장 내부의 비판을 다른 회사에서 아무렇지 않게 이야기하는 사람은 신뢰받지 못한다. 면접 때든 이직을 하고 나서든 마찬가지다.

여성 엔지니어가 많아지고 있다

증가 추세의 여성 엔지니어

남성 뇌·여성 뇌라는 말이 유행한 적이 있다. 뇌와 관련한 다양한 학설에는 의문스러운 점도 많이 있지만, 영국의 한 대학에서 fMRI를 사용해 6,000명을 대상으로 조사한 결과에 따르면, 남성의 뇌·여성의 뇌라는 것이 따로 있지 않다고 한다. 남성의 뇌가 10% 정도 크다는 사실은 알려졌지만, 그것은 남성의 몸집이 여성보다 10% 크기 때문일 것이다.

그러므로 공학 분야에서 여성이 적은 것은 만들어진 이미지에 지나지 않는다고 생각한다. 능력의 문제가 아니라는 말이다. 기술사를 목표로 하는 여성 엔지니어를 가끔 보는데 능력차를 느낀 적은 한 번도 없다. 하지만 안타깝게도 그렇게 생각하지 않는 사람이 많은 것 같다.

기술사 시험 강좌를 열다 보면 때때로 여성 수강생과 만난다. 결혼하고 일을 하면서 기술사 시험을 보려는 여성은 남성과 비교하면 명백히 시간 제약이 많다. 그중에는 나이가 어린 축에 드는, 육아, 가사를 모두 하면서 시험공부를 하는 여성마저 있었다. 그럼에도 눈에 띄는 점으로, 여성 수강생 중에는 성적이 우수한 사람이 많다.

기술사 자격을 따려는 여성만의 이야기가 아니다. 남성과 여성의 능력에 차이가 없다면 기계나 전기 등의 공학 분야에도 여성이 활약할 수 있는 곳이 많다. 여성이라는 이유로 거부하는 회사 또는 조직이 있다면 이는 큰 문제다. 통근 시간이나 노동 조건 등 그리고 그 외의 조건도 생각해야 하지만, 회사 안에 그런 문화가 있다면 얼른 이직하는 편이 낫다.

여성 엔지니어의 이직

엔지니어로 일하고 성장 하고 싶다고 생각하는 여성이라면 당연히 그 점을 인정해 주는 회사에 들어가야 문제가 없다. 하지만 안타깝게도 아무런 근거 없이 여성의 능력을 부정하는 사람이 많은 것도 사실이다.

애초에 여성을 '여성'이라는 한 단어로 설명하는 행위도 좋게 보이지 않지만, 이 책은 여성의 공학 분야 진출을 다루는 책이 아니므로 이해 부탁드린다.

다음에 나올 설명은 어디까지나 경험으로 얻은 지식이다. 전부 해당한다는 뜻은 아니지만, 여성 엔지니어가 이전할 때 신경 써야 하는 부분으로 세 가지를 꼽고 싶다.

1. 면접 시 기술 부문에 있는 여성이 하는 일을 묻자. 일반적으로 반드시 알려준다.
2. 마찬가지로 여성 관리자의 비율(인수)을 묻자. 면접관이 전혀 파악하지 못하고 있다면 그 시점에서 그 회사에는 문제가 있다는 뜻이다. 일반적으로 조사해서라도 알려준다.
3. 육아 제도에 관해서도 물어보자.

잘못 질문하면, 육아 휴가를 목적으로 입사를 희망하는 것은 아닐지? 혹은 금방 쉬는 것은 아닌지? 라고 기업 측이 판단할 가능성도 있다. 하지만 장래 필요해질 수 있는 제도이고, 실제로 누구나 고려하는 부분이다.

그러므로 "아이가 생겨도 계속해서 일하고 싶습니다만, 귀사에 그런 사람이 있습니까?"라고 질문해 보는 것도 좋다. 또는 "오래 일하는 여성의 모범이 될 수 있도록 노력하겠다."라고 어필한다면 좋은 인상을 심을 수 있을 것이다. 만약 내정이 결정됐다면, 여성 관리자의 이야기를 듣고 싶다고 요청해 보는 것도 좋다.

일방적으로 자신을 유리하게 만들 수는 없지만, 일하는 곳을 정하는 일의 중요성은 결혼 상대를 정하는 일과 비교해도 손색이 없을 정도로 중요하다. 요즘 많이 나아졌다고 하지만, 여성은 남성과 비교해 불리한 요건이 많다. 신중하게 생각하고 행동한다면 그것만큼 좋은 것이 없다.

만약 정말로 여성의 사회 진출을 생각해 남녀평등을 추구하려는 회사라면 틀림없이 앞서 적은 질문에도 정직하게 대답해줄 것이다.

성별보다 노력과 능력과 성과

어느 여성 엔지니어의 이야기다. 그녀는 30대 초반부터 IT 계열 자격을 하나하나 얻기 시작했다. 기술 경영MOS부터 시작해 네트워크 스페셜리스트, 시스템 관리, 이 외에도 3개 정도 더 있었던 것 같다. 하지만 그녀는 IT 엔지니어가 아닌 전자부품을 제조하는 공장의 생산관리 주임이었다. 결혼도 하고 아이도 있는 여성으로, 뼛속까지 노력파이고 공부도 컴퓨터도 모두 좋아한 사람이었다.

사실 자격시험 공부를 하면서 자신이 지금까지 얼마나 컴퓨터를 알지 못했는지 알게 되어 부끄럽다고 이야기했었다. '이것을 전에 알았다면 그때 그 일도 훨씬 빠르고 간단하게 할 수 있었을 텐데……'라고 몇 번이고 생각했다고 한다.

이렇게 열심히 공부하고 자격증을 얻었지만, 부서가 자격증과 관련이 없는 곳이었기에 그녀의 이러한 노력은 급여에 반영되지 않았다. 수험료도 여유 자금을 쪼개 충당했다고 한다. "남편도 본인의 용돈의 일부를 나에게 빌려주었어요. 물론 자격증을 딴 뒤에 갚았지만요."라고 말했던 기억이 난다.

이렇게 헛수고로 끝날 것처럼 보였지만, 그녀는 자신이 가진 컴퓨터 관련 지식을 사내 생산 관리 시스템을 교체할 때 100% 활용했다. 원래 그 일은 시스템 개발 부서가 담당이었다.

일반적으로 시스템 개발 부서는 생산 관리를 잘 알지 못한다. 이 때문에 실무자들이 사용하기 불편한 시스템이 만들어지고, 어쩔 수 없이 그 불편한 시스템을 현장 사용자들이 쓸 수밖에 없을 때가 많다. 어느 회사나 마찬가지다.

하지만 그녀는 가만히 있지 않았다. 심지어 그 일을 맡은 외주

소프트 개발 회사의 엔지니어와도 의견을 주고받았다. 처음에는 무시당하는 느낌을 받았다고 하는데, 시간이 지나면서 그녀의 지식과 능력이 발휘되기 시작했고, 어느새 회의 중심에 항상 그녀가 있었다.

덕분에 시스템 개발은 순조롭게 진행되었고, 예상 기간보다 더 빨리 완성되었다. 그렇게 완성된 시스템은 그녀의 원래 부서인 생산 관리과 식원들로부터 사용하기 매우 편리하다며 높은 평가를 받았다.

자격을 따면 언젠가는 도움이 된다는 의미로 이 이야기를 꺼낸 것이 아니다. 가장 큰 요인은 그녀의 노력이었음을 굳이 말할 필요는 없을 것이다. 남성인지 여성인지는 관계없다. 그녀의 노력으로 얻은 지식과 능력이 성과로 이어진 것이다.

Section 8

자격이 있다고 독립할 수 있는 것은 아니다

자격은 계기에 지나지 않는다

엔지니어 계열 자격이라면 변리사, 기술사, 일급건축사, IT컨설턴트, 시스템 감사 기술자 등이 떠오를 것이다. 여기서 변리사와 1급 건축가는 업무를 독점하므로 독립에 다소 유리하다.

하지만 독립한 순간부터 연 수입은 자신의 노력 여하에 좌우된다. 그러니 자격증과 지식보다 오히려 영업을 경험하는 편이 독립 이후의 생활에 더 도움이 될 수도 있다. 만약 회사원 생활에 종지부를 찍고 독립의 길을 걸으려 한다면 자격으로는 일을 얻을 수 없다는 사실을 철저히 염두에 두길 바란다.

그렇다면 자격은 아무런 쓸모가 없는 것이 아니냐고 묻는다면 그건 아니다. 독립을 앞두고 마음가짐이나 각오를 확실히 다지기 위해서라도 필요하다. 취득한 자격은 당신을 배반하지 않는다. 엔지니어로 독립을 생각한다면 앞서 이야기한 국가 자격증은 독립의 계기가 될 수 있으니 얻는 것이 좋다.

독립한 직후에는 꽤 오랫동안 혼자서 일하게 될 터인데, 이럴 때 약해지는 마음을 다잡아 주는 존재가 당신이 가진 자격일 때가 많다.

업무 독점과 명칭 독점의 차이

업무 독점 자격이란 법령 등에 의거, 그 자격을 가진 자만이 그 '업무'를 할 수 있도록 정해진 자격을 말한다(한국에서는 면허형 국가자격증이라고 한다-옮긴이). 가장 대표적인 자격으로 의사 면허가 있다. 의료 행위라는 업무는 의사 자격을 가진 사람만이 가능하다고 법령으로 정해져 있다. 이를 위반하면 의사법 위반으로 벌을 받아야 한다. 당연한 이야기지만 업무 독점 자격은 자격으로서의 가치가 높다.

그리고 명칭 독점 자격이란 자격을 가지지 않은 자가 해당 명칭을 임의대로 사용해서는 안 되는 자격이다. 대표적으로 사회복지사가 있다.

의외로 오해하는 사람이 많은데, 필치 자격(한국에서는 국가전문자격증으로 분류되는 자격으로, 해당 자격을 가진 사람을 정해진 수만큼 배치해야 사업을 행할 수 있다-옮긴이)과 업무 독점 자격은 다르다. 두 자격의 차이점은 법령의 영향을 강하게 받느냐 아니냐다.

간단한 예로 설명하겠다. '복어 조리사'는 업무 독점 자격이다. 일로든 취미로든 복어를 조리해서 다른 사람에게 먹이려면 반드시 이 자격이 있어야 한다. 만약 자격이 없는 사람이 복어를 조리하면 법령 위반이다. 이와 달리 대표적인 필치 자격인 공인중개사는 업무가 아니라면 자격이 필요 없다. 친형제 혹은 친구나 지인에게 건물을 팔 때 업자를 통하지 않고 자기들끼리 매매를 해도 법령 위반이 아니라는 뜻이다.

기술사는 독립에 어울리는가

기술사 자격은 그 난이도에 비교해 독립 개업으로 이어지지 않는 자격의 대표인지도 모르겠다. 2001년 이후 기술사의 정식 영어명은 Professional Engineer[PE]인데, 기술사가 발족한 당시는 Consultant Engineer[CE]가 정식 영어녕이었다. 즉, 기술 컨설턴트였던 것이다.

하지만 옛날이나 지금이나 기술 컨설팅 업무는 기술사의 독점 업무가 아니므로, 누구라도 할 수 있다. '기술사'라는 직함으로 컨설팅을 할 수는 없지만, 기술 컨설턴트가 되는 데 필요한 자격은 없다.

처음에 썼다시피, 자격은 독립 개업을 위한 계기에 지나지 않는다. 맨손으로 싸우는 것보다 죽도나 목도라도 들고 있으면 조금은 안심이 되는 것과 같은 의미다.

현재 일본 기술사회에서는 기술사의 자격을 어떻게든 업무 독점으로 만들려는 듯하다. 딱히 나쁘다고 생각하지는 않지만, 지금은 병원도 도산하는 시대다. 2014년 통계에 따르면 일본의 치과 의사 수는 10만 3,972명, 치과 의원 수는 6만 8,592개. 편의점보다 많다는 소리를 들은 지 오래인데, 실제로 2016년 7월 편의점 수는 5만 4,331개, 치과 의원은 1993년 시점에 이미 5만 5,857개였다. 하지만 현재는 매년 30곳 정도 치과 의원이 도산하고 있으며, 고령 등의 이유로 200곳 가까이가 폐업하고 있다. 업무 독점 자격으로도 안심하고 살아갈 수 없는 시대인 것이다.

지금 기술사는 그 어느 때보다 사士가 붙는 직업 중에서 가장 마이너하다. '사업士業 독립' 관련 세미나에 가보면 금방 할 수 있다. 중소기업 진단사, 행정사, 법무사, 사회보험 노무사, 세무사, 변리사(수는 적다)와는 매년 만나지만 기술사와 만난 적은 없다.

이것도 명칭 독점으로 일반인에게는 관계없는 자격이기 때문일 것이다.

자격만으로 먹고 살 수 있는 시대는 지났다

다시 한 번 말하지만, 자격, 특히 기술사 자격만으로 독립해 개업할 수 있을 것으로 생각했다면 이는 엄청난 착각이다. 하지만 자격을 가지고 있으면 마음이 든든하다. 그리고 시험 대비 강좌 등으로 부수입을 얻을 수 있는 일을 할 때 자격이 없으면 불가능하다. 기술사 자격을 가지고 있지 않아도 기술사 시험 강좌의 강사로 일할 수 있지만(법령 위반은 아니니까), 과연 그런 강사의 수업을 들으려는 수강생이 있을까.

다시 말해, 모든 것은 어떻게 사용하느냐에 달렸다는 뜻이다. 기술사나 다른 자격도 마찬가지지만, 독립 개업을 목표로 한다면 자격을 유용하게 사용해야 한다. 독립 개업의 노하우 중 하나라고 봐도 좋다.

기술사나 IT 컨설턴트 등의 자격 취득을 계기로 독립 개업 노하우를 배우는 것도 중요하다. 그리고 마지막은 영업 감각이 중요하게 작용한다.

때때로 "영업이 어려워서 자격증을 땄다."라고 자랑스럽게 이야기하는 사람을 만난다. 하지만 이는 요즘 같은 세상에 가장 해서는 안 되는 착각으로, 영업 활동을 무시하는 말과 같다.

영업 활동은 당신이 할 수 있는 일, 당신이 도움 줄 수 있는 일을 널리 알리기 위한 '포교 활동'이다. 머리를 숙이고 상대방이 싫어하는 것을 억지로 파는 행동이 아니다. 의뢰자에게 필요한 능력이나 상품을 내가 제공할 수 있음을 알리는 것이 영업 활동의 핵심이다.

Section 9

기술사 취득도 생각해 보자

엔지니어에게 좋은 자격

엔지니어에게 요구되는 자격으로는 여러 자격이 있다. 예를 들어 위험물을 다루는 공장이라면 위험물 취급 관련 면허가 필요하다. 이 외에도 높은 곳에서의 작업을 위한 자격이나 저전압 취급 자격 등 노동 안전 위생법상 강습에 참여하는 것만으로 취득할 수 있는 자격도 있다. 당연히 이를 위한 특별 교육 또는 강습은 많다. 귀찮고 지루하겠지만 법률로 정해졌으니 어쩔 수 없다. 작업이나 업무에 필요하다면 취득하는 수밖에.

이렇게 법적으로 요구되는 자격과는 달리, 개인의 능력을 발전시키는 것이 목적인 자격도 있다. 대표적으로 MOS^{Microsoft Office}

Specialist나 컴퓨터 정보처리 같은 컴퓨터 관련 자격증이 있겠다. 이 외에도 실용 영어, 토익, 공업 영어 검증 등의 어학 자격, 혹은 회계 검정을 받는 사람도 있다. 회사의 회계에 도움이 되고자 지식을 얻으려 공부하는 것이다. 회계 지식이 영업 지식으로 이어지지는 않지만, 재무제표를 볼 때 다소 도움이 될 것이다.

이러한 자격들의 취득을 생각하는 사람이 있다면 계획적, 단계적으로 취득하자. 컴퓨터나 어학 공부는 젊을 때 해야 효율이 높다.

절대로 해서는 안 되는 행동이 무턱대고 어떤 자격이든 일단 따고 보는 것이다. 특히 장래 독립을 생각하고 있다면 문어발식 자격 취득은 그만두는 편이 좋다. 일의 형편 때문에 따야만 하는 때라면 어쩔 수 없지만, 그렇게 딴 자격은 프로필에는 적지 않도록 하자. 왜냐하면, 무슨 전문가인지 알 수 없게 되기 때문이다. 전문가로서, 개인 차원에서 생계를 꾸려나갈 사람이라면 자신이 어느 분야 전문가인지 확실히 드러낼 수 있어야 한다. 이는 일을 얻지 못하는 사람들의 가장 큰 이유 중 하나이기도 하다.

프로필에 쓰면 안 되는 자격

공장의 책임자로 일하다 보면 법령에 정해진 자격을 가진 사람이 필요해질 때가 많다. 그 일을 하려면 법에 따라 관련 자격을 가진 사람이 있어야 하므로 누군가가 그 자격을 취득하는 수밖에 없다. 단, 노동 안전 위생법으로 정해진 자격 대부분은 이틀 정도 강좌를 듣고 마지막으로 강좌 수료 시험을 치러 합격선을 넘으면 얻을 수 있는 것들이 많다. 합격률은 약 90% 이상이다.

독립해서 프로 엔지니어 기술 컨설턴트가 되고 싶은 사람은 특정 경우를 제외하고 프로필에 이러한 자격을 써서는 안 된다. 물론 관련 강좌의 강사를 하려고 한다면 반드시 적어야 한하겠지만, 그렇지 않다면 마이너스 효과밖에 없다.

IT나 컴퓨터 관련 자격도 마찬가지다. MOS나 컴퓨터 검정 등 가지고 있는 자격을 전부 프로필에 나열하는 사람이 있는데, 이런 자격증은 큰 의미가 없다. 의뢰자가 질문했을 때 답할 수 있을 정도면 된다. 겸손 혹은 겸허한 마음을 지니라는 의미에서 하는 말이 아니다. 당신이 얼마나 유능하며 전문적인 사람인지를 확실히 상대방에게 각인시키기 위함이다. 혼자 개업하려 한다면 백화점보다 전문점을 목표로 해야 살아남을 수 있다.

기술사가 된다는 것의 의미

1957년에 시작된 일본 기술사 제도는 미국의 프로페셔널 엔지니어 제도를 흉내 낸 것이다. 하지만 실제로는 제도 형태만 따왔을 뿐 내용은 완전히 다르다. 먼저 미국 프로페셔널 엔지니어는 주가 관리하는 자격이며, 업무 독점으로 독립 컨설턴트가 되기 위한 자격이다. 물론 독립 개업하려면 다른 조건도 갖추어야 하므로 자격만으로는 100% 독립이라고는 할 수 없다. 일본의 의사, 변호사, 공인회계사 등도 마찬가지다.

하지만 일본의 기술사는 미국과 달리 독립·개업을 위한 자격이 아니다.

2016년 일본에 등록된 기술사는 8만 6천 명 정도 된다. 79%는 회사원, 12%는 공무원, 독립·개업한 사람은 7% 정도, 나머지는 그 외다. 즉, 애초에 독립하려는 사람이 그다지 많지 않다(기술사 취득자 수는 시험제도가 시작된 이래 50년 이상 등록되어 있는 사람. 이 중에는 당연히 사망한 사람도 있다. 아마 현역에서 활동하는 사람은 절반보다 조금 많은 정도일 것이다). 왜냐하면, 독립 여부와 상관없이 기술사는 '과학 기술의 향상과 국민 경제의 발전'에 이바지하는 것이 목적이기 때문이다.

엔지니어의 자격에는 일급 건축사와 공해 방지 관리사, IT 컨설턴트 등 고난도의 자격이 많다. 그래서인지 '엔지니어의 최고 자격'이라는 말을 사용하는 사람도 있는데, 개인적으로는 아니라고 본다. 애초에 어떤 자격이 최고봉인지를 논하는 것 자체가 무의미하다.

좀 더 자세히 말하자면 기술사가 된다는 것은 "이제부터 평생 엔지니어로 살겠다."라고 세상에 공언하는 것이다. 출발선에 설 요량으로 기술사로 등록하는 것이다. 그리고 당신의 전문 지식과 응용 능력을 활용해 세상을 조금이라도 더 좋은 방향으로 만들고자 노력해야 한다.

이런 이유로 공장 등에서 필요로 하는 안전 위생법상의 자격과 기술사 자격은 근본적으로 다르다. 기술사 자격은 본질적인 부분에서 윤리적 요소를 포함한다. 법적으로 필요해서 기술사가 되는 것이 아니다. 자신의 판단으로 사회에 공헌하기 위해 기술사가 되는 것이다.

기술사 시험은 이런 것이다

흔히 기술사는 따기 힘든 자격이라고 생각하는데, 아마 기준점이 없기에 그렇게 생각하는 것이 아닐까 싶다. 난이도는 세무사, 중소기업 진단사, 변리사와 비교해 거의 비슷하다. 물론 1차 시험은 아니다.

어디서부터 어떻게 공부해야 하는지 잘 모르겠다면, 비용은 다소 들지만 강좌를 듣는 편이 좋다. 빠르게 취득해서 자격을 이용해 수입을 늘릴 수 있다면 비용은 금방 회수할 수 있다. 독학으로도 언젠가는 얻을 수 있겠지만, 솔직히 그때까지 의욕을 유지하기가 어렵다.

강좌도 여러 종류가 있어서 막상 들으려 하면 무엇을 들어야 좋을지 망설여지는데, 의욕 관리를 잘 못 하는 사람은 사실적인 강좌를 듣는 편이 좋다.

추천하고 싶은 강좌 중 하나로, 주로 도쿄와 오사카, 나고야에서 개최하는 신기술 개발 센터의 강좌가 있다. 출판부문도 있어서 교재의 질이 다른 곳과 비교해 월등히 좋다.

그런데 여러 번 말하지만, 기술사가 되는 것이 엔지니어로서의 마지막 과정은 아니다. 이 점을 잘못 알고 있는 사람들이 있는데, 기술사는 어디까지나 엔지니어의 출발점에 지나지 않는다. 그러니 자격증 시험을 치를 수 있는 업무 경험 연수를 채웠다면 꼭 시험을 보길 바란다. 절대 사람들이 말하는 만큼, 당신의 생각만큼 어려운 시험이 아니다.

마지막으로 오해하지 않기를 바라는 마음에 하나 덧붙이자면, 기술사 자격은 엔지니어의 길을 걷고 난 뒤 취득하는 것이 좋다. 자격증을 취득하면 아무래도 각오 같은 것이 마음속에 생긴다. 엔지니어의 정점이 아니라 출발점으로 기술사 자격 취득도 고려하면서 자신의 성장 전략을 설계하길 바란다.

스스로 전략을 세울 수 있는가?

- 프로젝트를 끝까지 완수할 장기 계획이 있는가?
- 계획을 분석하고 보완하는 프로세스를 갖추고 있는가?

엔지니어는 기본적으로 설계자다. 자신의 인생은 물론, 어떤 프로젝트를 맡았든지 전략적으로 접근할 수 있어야 한다.

애초에 좋고 나쁨은 생각하기 나름이야.
이렇게도 되고 저렇게도 되지.
-셰익스피어, 「햄릿」, 제2막 제2장(후쿠다 쓰네아리 옮김)

CHAPTER 5

일류 엔지니어의 시선으로 도약하라

MOT(기술 경영)의 미래

경영과 기술 개발은 이제 따로 떼어놓을 수 없다

현재 과학 기술은 고도로 발전해, 이제는 단순한 방법으로는 문제를 해결할 수 없게 되었다. 데이터를 다루는 기술 하나만 봐도 감과 배짱으로 판단할 수 있는 영역을 넘어섰다. 경영자는 경영만을, 기술자는 기술만을 파고들면 되던 그런 좋은 시절은 지났다.

시험 삼아 현재 전 세계의 주목을 받는 대기업 경영자들을 예로 들어 보겠다(2016년 12월 현재, CEO 또는 회장 등 직함은 다양하지만, 대표적인 인물을 적었다).

마이크로소프트	CEO	사티아 나델라—전기공학 전공
애플 컴퓨터	CEO	팀 쿡—공학 분야 박사 취득 후 듀크 대학에서 MBA 취득
구글	CEO	래리 페이지—컴퓨터 공학 전공
	구글공동 경영자	세르게이 브린—컴퓨터 공학 전공
시스코시스템즈	CEO	존 챔버스—경영 공학

모두 엔지니어다. 마이크로소프트에는 창업자 빌 게이츠도 있다. 그도 물론 엔지니어다.

일본에는 문과계 경영자가 많다고 하지만, 상장 기업 약 3,600여 사 중 이과계 인물이 이끄는 회사가 990사 가까이 된다. 특히 전자기 기업에 많다. 미국에서도 애플이나 시스코 시스템즈는 넓은 의미로 전자기 기업에 속한다.

MOT(기술 경영)이란 무엇인가

MOT^{Management Of Technology}을 간단하게 설명하면, 제조업이 제품을 만들며 얻은 노하우나 개념을 경영학적으로 체계화한 것이다. 바꿔 말하면 기술을 사용해 무언가를 만들어내는 조직을 위한 경영학이다.

좁은 의미의 'MOT'는 MBA^{Master of Business Administration}(경영학

석사)의 한 갈래로, 시작은 1950년대까지 거슬러 올라간다. 하지만 미국 전역의 유명 대학이 MOT 강좌를 도입하기 시작한 때는 1980년대부터다. 특히 MIT 슬론경영대학원의 MBA 과정에 MOT 코스가 설치되면서 사람들에게 알려지게 되었다.

일본에서는 MBA와 MOT를 나란히 놓고 비교할 때가 많다. 학문적인 차이나 역사적인 성장 과정을 소개할 생각은 없다. 그 부분을 써 내려가기 시작하면 다른 책이 되어 버리기 때문이다.

여기서는 MOT를 일본에서 주로 사용되는 해석인 '기술 경영'이라는 단어로 설명하겠다. 기술 경영은 대개 다음 두 가지 의미로 쓰인다.

첫 번째는 기술을 기본으로 한 경영 전체를 의미한다. 본 장에서는 주로 이 의미로 사용한다. 두 번째는 '기술 개발 활동'과 관련한 매니지먼트의 의미다.

두 번째 의미를 바꿔 표현한다면 '기술' 매니지먼트 방법이다. 이는 상당히 좁은 해석인 탓에 그리 많이 쓰이지 않는다.

따라서 여기서는 넓은 의미로 쓰이는 첫 번째 의미를 중점적으로 설명하려 한다. 이 책은 어디까지나 초급, 중견 엔지니어를 위한, 엔지니어로서의 성장을 목표로 한 책이다. 대부분 경영에 직접 관여하지 않는 사람들이겠지만, 젊을 때 MOT를 의식해 업무를 해나가는 것도 나쁘지 않다. 반드시 미래에 도움이 될 것이다.

반복해서 이야기하지만, 기술 경영이란 경영하는 기술, 노하우를 뜻하는 단어가 아니다. 군이 나눈다면 경영 공학이나 경영학 범위에 속한다. 기술 경영이란 기술을 활용한 경영이며, 21세기의 고도 기술 사회에서는 꼭 필요한 요소이기도 하다.

도쿄 이과 대학의 이타미 교수의 말을 빌리자면, '매니지먼트 중심에 자사의 기술을 놓고 그 상태에서 의논을 통해 경영 전략을 정하고 실행하는 모든 과정'이라고 생각하면 쉽다.

지금은 국내외 상관없이 대학이나 기관에서 기술 경영과 관련한 다양한 연구가 이루어지고, 관련 서적도 출판되고 있다. 하지만 체계화된 '기술 경영론'은 현재(2016년 12월)에도 존재하지 않는다.

고도로 발달한 과학 기술 사회에서는 경영 방침을 정한 뒤에도 활용하려는 기술의 특징이나 장·단점을 어느 정도 알아야만 한다. 그래야 앞으로 나아갈 방향을 능동적으로 정할 수 있고, 그 기술이 시장에 끼치는 영향도 예측할 수 있다.

그리고 그렇게 하기 위한 출발점으로 공장 내 생산 관리에서 시작해 회사의 사업 전략, 공공 정책까지 이르는 넓은 범위를 연구하는 '기술 경영'으로 불리는 학문의 필요성이 주목받고 있다.

기술 경영은 세 가지 장애를 극복하기 위함이다

기술을 사용해 기업을 발전시키고 싶다면 그 기반이 되는 과학 기술의 발전 동향도 유심히 지켜보아야 한다. 사회와 사용자가 무엇을 원하는지를 재빨리 이해하는 것도 필요하다. 더불어 경쟁사는 어느 정도 기술 개발이 이루어지고 있는지, 반대로 자사는 어느 정도인지 등 경쟁에서 살아남으려면 각각의 장단점을 모두 파악해야 한다. 이뿐만 아니라 사회나 환경에 영향(악영향 포함)을 얼마나 미칠 것인가? 지식재산권 문제는 없는가? 이러한 복잡한 요소를 부감俯瞰하면서 구체적으로 행동을 결정해야 한다.

이렇게 이곳저곳에서 발생하는 일련의 현상을 고려해 올바른 길로 이끄는 데 필요한 것이 '기술 경영'이다.

'자원, 원료, 에너지를 구매(인풋)해 자사의 기술을 이용해 세상에 도움 되는 제품으로 변환하고 그 제품을 세상에 내놓는다(아웃풋).' 제조사로 불리는 기업이 하는 일련의 행동을 단순화하면, 이렇게 설명할 수 있다. 기술 경영은 이 단순한 행동의 효율을 최대한 높여 기업의 성장을 촉진하는 것을 목적으로 한다.

MOT 관련 서적을 읽다 보면 빠지지 않고 언급되는 세 단어가 있다.

'마魔의 강', '죽음의 계곡', '다윈의 바다'.

어디까지나 비유로 쓰이는 용어지만, 상당히 잘 만들어진 단어이므로 기억해두면 좋다.

마의 강 기초 연구 자체가 연구 개발로 이어지지 못하고 강에 버려지고 마는 이미지를 전달하는 단어다.

죽음의 계곡 연구 개발과 제품 개발 사이에 존재하는 깊디깊은 계곡의 이미지. 연구 개발에서 태어나는 신기술이 제품화되지 못해 세상에 나오는 일 없이 사장되어 버리는 것을 의미한다.

다윈의 바다 '죽음의 계곡'에서 살아남아 신제품으로써 세상에 나와도 외부의 적이 우글거리는 바다에서 또다시 치열한 생존 경쟁을 펼쳐야 함을 나타낸다.

신제품을 팔기 시작했다면 그다음으로는 시장 경쟁에서 이겨야만 한다. 아니, 끊임없이 이겨야 한다. 그러려면 마케팅이나 판매 등 영업 활동이 함께 어우러져 연속해서 혁신을 일으켜야 한다. 만약 실패한다면 언젠가는 다윈의 바다에서 외부의 적에게 먹히고 만다.

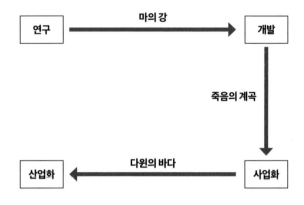

　　MOT는 이 세 가지 장애를 어떻게 넘어설 것인가를 의논하고
이를 위한 전략을 세우는 데 도움을 주는 방법이다. 세 곳에서 살
아남을 방법을 개발 단계에서부터 의논해야 한다.

Section 2

젊은 엔지니어가
MOT를 배워야만 하는 이유

기술에도 유통기한이 있다

'마의 강', '죽음의 계곡', '다윈의 바다'라는 세 가지 장애를 극복하기 위해 기술을 중심으로 한 경영 전략을 세운다. 이것이 MOT의 핵심이다.

21세기인 지금, 선진국에서는 성능이나 품질이 좋기만 한 제품은 팔리지 않는다. 제품에 대한 흥미, 편의성, 쾌적한 사용감 등이 일정 수준 이상인 제품이 팔린다.

제1장에서 스위스 시계 업계가 특정 손목시계 기술을 고집한 나머지 일본 쿼츠 시계에 주도권을 내준 사건의 과정을 설명했다. 하지만 그 후 50년 뒤 시계 업계에서 쓴맛을 맛본 쪽은 일본 업계

다. 입장이 완전히 바뀐 것이다.

일본 시계 제조사는 시계를 시간을 알려주는 기계로 여겼고, 이 점을 고집했다. 그랬기 때문에 이들은 시간 오차가 적고 에너지 소모가 적도록 가볍게 만들어야 한다고 생각해 이 부분을 파고들었다. 조금 더 좋은 자국산 시계를 만들고 싶다는 욕심에 지름이 겨우 4~5cm, 두께 1cm 이하의 시계에 태양광 충전 시스템과 전파를 수신해 오차를 수정하는 기능을 탑재했다. 그리고 물속에서도 고장나지 않도록 방수 기능까지 넣었는데, 이렇게 만들어진 시계의 가격은 수만 엔에 달했다.

상당히 오래전이지만, 어느 시계 제조사 공장을 견학한 적이 있다. 공장 안 생산 설비 곳곳에 장인들의 아이디어가 보여 그들의 노고를 느낄 수 있었다. 정밀도를 유지하기 위해 부품을 가공하는 기계도 특별 제작해 그 자리에서 마지막 조정과 검사가 이루어졌다(지금까지도 이루어지고 있을 테니 자세하게는 쓰지 못한다).

그때는 스위스 시계가 부활하기 전이었기 때문에 '이러한 노력이 전통을 고집하던 스위스 시계를 완전히 죽게 만든 이유인가?'라고 생각했다. 하지만 일본 시계 제조사가 뒤쫓은 고기능화 노선은 그것을 가능케 한 부품들이 시장에 나옴과 동시에 더 이상 일본 기업만의 차별점이 아니게 되었다. 중국이나 한국을 비롯해

동남아시아 기업도 싼 인건비를 활용해 일본 시계 제조사를 뒤쫓았다. 즉, 고기능화 기술은 유통기한이 짧은 기술이었다.

스위스의 시계 제조사들은 시계를 색다른 시각으로 봤다

일본 기업에 큰 타격을 입은 스위스 시계 제조사들은 생각지도 못한 방법으로 일본 기업에 도전장을 내밀었다.

그들은 언뜻 봐서는 쓸모없지만, 재미 삼아 기계식 시계의 움직임을 그대로 보여주는 시계를 세상에 내놓았다. 그리고 시간을 재는 물건이 아닌 고급 장식품으로서의 디자인과 고도의 공정을 담은 물건으로 시계를 해석해 그러한 제품을 만들었다. 실제로 시장에서 팔리는 스켈레톤 손목시계를 보면 알 수 있겠지만, 한눈에 시간을 알기 어렵다. 일본 제조사라면 절대 만들지 않았을 것이다.

이후 스위스에서는 저가격의 손목시계에도 독특한 개성을 부여했고, 그렇게 탄생한 고유의 디자인으로 일본 시계 제조사를 따라잡았다. 디자인은 매뉴얼화할 수 있는 것이 아니라서 싼 인건비로 가격을 낮추는 정도로는 이길 수 없다. 바꿔 말하면, 유통기한이 긴 기술이다. 실제로 미국의 해밀턴은 후발 주자지만, 기능이 아닌 디자인으로 소비자들의 마음을 사로잡아 판매율을 올리고 있다.

이는 이후 발매될 모든 제품에도 해당하는 이야기다. 자동차를 예로 들면 이동할 수만 있으면 된다고 생각하는 사람이 있고, 이와는 달리 자신을 표현하는 한 방법으로 자동차를 소유하고 싶어 하는 사람이 있다. 이 두 가지를 모두 충족시키는 제품을 만들려 한다면, 결국에는 어느 쪽의 관심도 끌지 못하는 제품만 내놓고 끝날 것이다.

이러한 점을 미리 의논해 경영 전략을 세우는 것이 MOT다. 여기까지의 설명으로 MOT가 경영자만이 아닌 신입 엔지니어도 배워두어야만 하는 사고방식임을 깨달았으리라 믿는다.

갈라파고스 현상이 발생하는 이유

일본에서 쓰이는 신조어 중에 '갈라K'라는 단어가 있다. 조금 오래된 휴대전화를 가리키는데, 풀어서 설명하면 갈라파고스화된 휴대전화라는 의미다. 그럼 갈라파고스화란 무엇인가. 중요한 단어이므로 여기서 조금 설명하고자 한다.

갈라파고스화란 2005년경 일본에서 탄생한 비즈니스 용어 중 하나다. 남태평양 갈라파고스섬에서 발견된 특수한 생태계에 비유한 일종의 경고다.

갈라파고스 제도는 주변에 육지가 없어서 독립적인 환경을 이루고 있다. 일본의 환경이 이 섬의 환경과 비슷하다고 여겨 붙였다. 이러한 일본의 로컬 환경에 맞춘 '최적화' 현상이 급격하게 진행되었는데, 이 때문에 지역 밖과의 호환성을 잃어 외따로 떨어지게 되었다. 이런 상황에서 만약 외부(국외)에서 생존 능력이 높은 제품과 기술이 들어온다면, 결국에는 도태되고 만다는 위험성을 한 마디로 압축해 표현한 단어다. 매우 잘 만들어진 단어라고 생각한다.

하지만 이 단어, 엔지니어는 쉽게 사용하지 않는 편이 좋다. 의미를 확실히 의식하고 교훈으로 삼을 생각이라면 모르겠지만, 기술상의 '갈라K' 현상은 엔지니어라면 누구도 해당되어서는 안 된다.

시계에서든 가전품에서든 반도체에서든 그리고 휴대전화에서든, 아무튼 어떤 제품에서든 사용자가 무엇을 바라는지를 고려하지 않고 고기능만을 계속해서 추구하는 악순환을 반복한 결과가 일본의 갈라파고스화 현상이다.

일본에는 고기능을 실현할 수 있는 엔지니어가 있었고, 그 요구 사양을 맞출 수 있는 생산 설비가 있었다. 이 때문에 고기능 추구를 좋아하는 일부 사용자의 존재를 과도하게 의식해 기술 추구에만 심혈을 기울였다. 그리고 고기능을 갖춘 고가제품은 만드는 측의 자존심을 자극한다. 오버 스펙이든 뭐든 일단 그것을 만들고자 마음먹으면 시야가 좁아지게 된다.

메이지 시대의 문명개화부터 일본인은 서구의 뛰어난 기술을 필사적으로 배우고 받아들였다. 선구자들의 노력이 있었기 때문에 오늘의 일본이 있을 수 있었다는 점을 부인하지는 않는다. 하지만 기술 추구가 너무 지나쳐 뛰어넘을 대상이 없음에도 멈추지 않는 점은 문제다. 굳이 말하자면 과거의 성공 경험은 교훈으로 이해하고 받아들이는 수준에 두고 잊는 편이 낫다.

기술 혁신을 계속하지 않는다면 어떤 기술도 언젠가는 진부해진다. 물론 앞서 이야기했듯이 기술에 따라 유통기한의 길고 짧음이 있다. 1960년대부터 1980년대에 걸쳐 일본의 카메라·오디오 제조사는 유통기한이 짧은 기술로 멋지게 싸웠다. 그 결과가 현재의 모습이다.

기술을 어떻게 활용할지를 생각하자

MOT가 필요한 가장 큰 이유는 잘못된 기술의 활용을 방지하는 데에 있다. 자사 기술의 유통기한을 알고 타사, 타국의 기술 동향을 파악하기 위한 MOT다. 물론 기술을 훔친다는 뜻이 아니다. 오히려 소비자의 요구에 맞는 기술이라면 무엇이든, 어떻게든 찾아낸다는 의미다.

그러고 나서 자사 기술이 자사의 성장에 도움을 줄 수 있는 전략을 생각하자. 사실 최고의 전략을 세울 수 있게 도와주는 특효약 따위는 없다. 전략 책정을 도와주는 도구 같은 것은 있지만, 어차피 신뢰할 정도는 아니다. 그저 이제 막 시작할 때 장벽을 낮출 수 있을 뿐이다(그것으로 충분하다는 의견이 있다는 것은 알고 있다).

자사의 방향성, 장래의 모습을 정하는 전략이니만큼 머리에 쥐가 날 정도로 생각하고 또 생각하는 수밖에 없다. 이는 경영자에게만 해당하는 이야기가 아니다. 젊을 때 맡을 작은 프로젝트 하나도 자사의 경영 전략과 어떻게 이어지는지, 어떤 구실을 할지를 생각해야 한다. 이러한 과정을 가볍게 여기며 기술적인 면만 보고, MOT를 전혀 신경 쓰지 않는다면, 설령 매우 중요한 프로젝트라도 당신의 성장에 아무런 도움이 되지 않는다. 반대로 사소한, 정말 사소한 기술의 일부분을 맡게 된 때라도 그 기술의 활용법을 생각하면서 프로젝트에 참가한다면 당신은 분명 성장할 수 있다.

Section 3
엔지니어는 마케팅을 오해하고 있다

마케팅이란 무엇인가

마케팅이란 단어에 혐오감을 나타내는 엔지니어도 있다. 그런 괴상한 단어에 속지 않겠다는 양 "싸고 좋은 물건을 제공하면 팔린다."라고 주장한다. 분명 싸고 좋은 물건을 제공한다면 팔릴 것이다. 문제는 그 물건을 소비자에게 어떻게 보일 것인지에 있다.

다음 예를 읽고 생각해 보자. 도쿄 시부야역의 횡단보도 신호등이 초록색으로 바뀌면 사람들이 일제히 대각선 횡단보도를 건넌다. 휴일 이른 오후에는 건너는 사람이 너무 많아 셀 수 없을 정도다. 이때 횡단보도에는 과연 몇 명이 있을까?

마케팅이란 이 북적임 안에서 답을 찾는 것과 같다.

횡단보도의 중앙 부분을 30m 사방(900m²)이라고 생각하고 혼잡할 때 1m²에 사람이 얼마나 있을지를 실제로 어림잡아 계산해 보았더니 1m²당 1명 이상 2명 이하였다. 이를 기준으로 계산하면 약 1,200~1,600명 정도로 추산된다. 이때가 어떤 행사도 없는 보통의 일요일 13시였으니, 특별한 날이라면 훨씬 많은 사람이 모일 것이다.

이 북적임 속에서 한 사람, 당신이 있고, 위에서 횡단보도를 건너는 행인들을 바라보는 사람에게 당신의 존재를 알아차리게 하거나 알리는 행동, 그 모든 과정이 마케팅이다. 절대 교묘한 말로 사람을 속여 무언가를 팔아치우는 행동이 아니다.

소비자가 물건을 살 때 내리는 의사 결정의 예

'ASUSTeK' 줄여서 ASUS라는 대만 기업을 아는가? 80년대 후반 조립 컴퓨터가 유행했는데, 마니아들 사이에서 ASUS는 대표적인 메인보드 제조사였다.

ASUS는 1989년 설립된 회사로, 일본에서 DOS/V(일본에서 개발된 MS-DOS 운영 체제. 이 운영 체제의 개발로 별도의 하드웨어 없이 소프트웨어만으로 일본어를 처리할 수 있게 되었다. 이후 본격적으로 일본 가정에 PC가 보급되기 시작하였다-옮긴이)가 유행하기 시작했을 때부터 메인보드를 일본과 미국에 수출했다. 하지만 현재는 메인보드 같은 부품 제조사라기보다 노트북, 태블릿 단말기 제조사로 알려져 있다.

2008년 처음 등장해 넷북이라고 불렸던 소형 저가 노트북을 판매하던 ASUS는 이로부터 4년 뒤 컴퓨터 출하 대수로 세계 5위에까지 오를 정도로 실적을 쌓았다. 그 사이 컴퓨터 출하 대수는 진 세계적으로 감소하던 추세였는데 말이다. 말하자면 혼자만 승승장구했던 것이다.

ASUS가 이렇게까지 성장할 수 있었던 이유는 IT계열 제품에 맞춘 마케팅을 펼친 덕분이다. 컴퓨터나 스마트폰, 태블릿 등을 살 때 소비자는 인터넷에서 정보를 수집한다. 거기에는 다른 소비자들의 무수한 리뷰, 사용 후기가 쓰여 있다. 이뿐만 아니라 IT 제품 평론가들의 상세한 의견과 분석도 볼 수 있다.

이러한 정보들을 한 시간 정도 찾고 읽으면 구입을 희망하는 사람은 그 제품에 대한 지식을 바탕으로 어느 정도 정확한 평가를 내릴 수 있다. ASUS는 이 점을 승부처로 보았다.

한편, 일본제 컴퓨터는 아이에서부터 노인까지 모두가 사용할 수 있도록 만들어졌다. 이 부분이 중요한데, 이런 사람들은 컴퓨터를 살 때 인터넷상의 리뷰 같은 것은 보지 않고 판매점에서

점원이 추천하는 제품을 산다. 물론 본인도 리뷰 같은 것은 쓰지 않는다.

바꿔 말하면, 컴퓨터를 직접 비교해 보고 사려는 사람은 인터 넷 리뷰 등을 조사해 ASUS 컴퓨터의 평가가 높다는 사실을 알고 구매한다. 하지만 일본 소비자들은 판매 사원(특히 제조사 사원)의 이야기를 듣고 그들이 추천한 물건을 고른다.

한쪽은 전 세계적으로 팔리고 다른 한쪽은 일본 내에서만 팔 린다. 이래서야 절대로 이길 수 없다.

경영자와 기술자는 입장이 다르다

'엔지니어의 모자를 벗어라!'
이 말로 알 수 있는 것

우주왕복선 '챌린저호' 폭발사건은 많은 엔지니어에게 알려져 있다. 이 사건의 발생 경위가 상세히 밝혀진 데는 모턴 티오콜Morton Thiokol(이하 티오콜)사의 중견 엔지니어, 로저 보졸리Roger Boisjoly의 메모가 결정적인 역할을 했다. 메모에 따르면, 사고 전날 미 항공우주국NASA와 티오콜 사이에서 격렬한 원격 회의가 이루어졌다고 한다.

간단히 설명하자면, NASA는 챌린저호를 예정대로 발사하고 싶었다. 하지만 문제는 기온이었다. 일기예보에 따르면 발사 예정

일의 기온은 무척 낮았다. 티오콜의 엔지니어였던 보졸리는 저온 상태에서는 연료 누출을 방지하는 O-링의 성능이 저하되므로 예정대로 내일 발사할 경우 연료가 누출될 위험이 있다며 발사를 중지해야만 한다고 집요하게 주장했다.

우주왕복선을 발사하기 위해서는 모든 협력 회사(1차 협력업체까지)의 승인 사인이 필요하다. 한 곳이라도 동의하지 않으면 아무리 NASA라고 해도 마음대로 발사하지 못한다. 그리고 이때 티오콜은 아직 승인 사인을 하지 않은 상태였다. 하지만 기온 저하에 따른 연료 누출의 명확한 위험과 관련한 객관적인 데이터가 없었기 때문에 티오콜 운영진은 훗날 NASA로부터의 의뢰가 줄 것을 염려, NASA 관리자 설득을 도중에 그만두었다.

로켓이 무사했다면 문제는 없었겠지만, 우주왕복선은 발사 72초 후 누출된 연료에 불이 붙어 폭발, 공중분해되었다.

이 우주왕복선에는 "선생님을 우주로Teacher in Space" 프로그램을 통해 선발된 고등학교 교사 크리스타 매컬리프Christa McAuliffe가 최초의 여성 민간인으로 탑승해 우주에서 수업을 진행할 예정이었다. 이런 이유도 있어 거의 모든 미디어가 이 사건에 주목했다. 현재도 유튜브 등에서 발사 장면을 볼 수 있다. 기술자 윤리 측면에서도 매우 귀중한 교훈을 주는 중요한 사건이다.

이야기를 되돌려, 기록에 따르면 발사 예정일 전날 저녁 무렵, 플로리다 케네디 우주센터, 마셜우주비행센터와 티오콜이 전화 회선을 이용한 원격 회의를 열었다고 한다. NASA로서는 어떻게 해서든 티오콜의 발사 승인 사인을 받아야 하는 회의였다.

O-링의 위험성을 의논하기 위해 시작한 회의에서 보졸리가 제출한 데이터를 바탕으로 NASA와 티오콜에서 의견이 오갔다. 그런데 보졸리가 준비한 데이터는 지금까지의 비행에서 저온과 O-링의 밀폐성에 문제가 있었던 비행만을 골라 부적합 횟수와 기온만 기록한 데이터여서, 어느 기온에 발사해야 문제가 없는지 혹은 어느 기온에 발사하면 반드시 문제가 발생하는지 등 모든 비행에서 기온과 O-링의 밀폐성을 고찰할 수 있는 자료가 아니었다. 간단하게 말해서 문제가 있었던 사례에서만 데이터를 모은 것이었다.

그렇게 회의를 진행하는 도중 데이터를 재평가하는 시간이 필요하다는 티오콜의 요청에 따라 5분 예정으로 회의가 중단되었다. 그리고 그사이 티오콜은 내부 회의를 시작했다. 이 회의는 예정 시간을 크게 넘겨 30분 가까이 계속되었다. 보졸리와 톰슨은 재차 자신들의 주장을 설명하며 발사를 반대했다.

하지만 NASA 측 출석자에는 조지 하디, 로렌스 멀로이 등 미국에서 가장 유명한 기술자가 나왔고, 이 고명한 기술자들 모두 노골적으로 티오콜이 분석 결과로 가지고 온 데이터는 발사를 중지시킬 정도로 결정적인 것이 아니라며 불쾌함을 나타냈고, 이들의 주장에 회의는 큰 영향을 받았다.

최종적으로 기술적인 의논이 진전되지 않고 평행선을 그었으므로 티오콜의 상급 부사장 매이슨은 동석한 다른 경영 간부 3명(위킹스, 킬민스터, 룬드) 앞에서 "발사하고 싶다고 생각하는 사람은 나 한 명뿐인가!"라고 분노하며 '경영적 판단'을 요구했다. 매이슨의 태도에 위킹스와 킬민스터 두 사람은 발사에 찬성했다. 그리고 기술자의 의견을 존중해 발사 반대를 주장한 기술 담당 부사장 룬드도 매이슨으로부터 "기술자의 모자를 벗고 경영자의 모자를 쓰게(Take off your engineering hat and put on your management hat)."라는 말을 들었다.

그 결과 룬드도 발사 찬성으로 돌아서 경영 간부 의견은 찬성 4, 반대 0이 되었다. 이로써 티오콜은 발사에 동의했다.

이 사례에서는 디오콜의 엔지니어였던 보졸리가 매우 높이 평가되고 있다. 하지만 그는 NASA는 물론이고 자신의 상사와 자사의 상층부 누구도 설득하지 못해 결국 발사를 저지하는 데 실패했다. 일개 샐러리맨 엔지니어가 사장을 설득하는 일은 쉽지 않다. 하지만 그는 정말로 최선을 다했던 것일까?

보졸리가 위험성에 주목하게 된 때는 사고 1년 전, 1월 24일 발사 후에 있었던 조사 직후였다. 그때부터 사내에 태스크포스를 만들어 검토를 시작했다. 그리고 7월에는 조사 결과로 필드 조인트 문제의 위험성을 자사 간부에 서면으로 알렸다.

하지만 기록은 여기까지다. 이후 마지막 단계에서 발시 전날 NASA와의 회의에 호출되어 '방에서 자료를 그러모아' 회의에 출석했다고 한다(본인이 직접 이야기함).

여기서 방에 자료가 잔뜩 있었다는 것이 무엇을 의미할까. 정리하지 않았다는 뜻이다. 회의에서 어떻게 해야 권력도 지위도 자신들보다 높은 NASA의 전문가들을 설득할 수 있을지 그 방법을 생각조차 하지 않았다. 엄격한 잣대일지도 모르지만, 이런 면에서는 보졸리를 좋게 평가하기 어렵다.

보졸리는 당시 30대 엔지니어였다. NASA의 전문가들이 젊은 엔지니어의 말에 귀를 기울일 리가 없다. 기술적, 과학적으로 설득해도 통하지 않는다면, 마지막으로 감정에 호소하는 방법밖에 없다. 차라리 "만약의 사태가 발생한다면 가장 큰 위험에 처할 사람은 파일럿이니 그들에게도 이 사실을 전해 주길 바랍니다. 그들에

게 선택권을 주어야만 합니다."라고 말했다면, 발사를 중지시킬
수 있었을지도 모른다.

기술자 윤리인가, 경영자 윤리인가

데이터 날조, 조작, 부정 데이터 은폐, 유해물질 불법 방류 등
때때로 신문 지면을 장식하는 사건이 발생한다. TV에서는 그럴
때마다 경영자가 카메라 앞에서 깊이 머리를 숙인다. 이때는 무조
건 머리를 조아리고 또 조아리려 온몸으로 반성하고 있음을 나타내
야 한다. 그 순간 자칫 이상한 행동을 했다가는 그 경위를 설명할
겨를도 없이 오해받아 사람들의 머릿속에 나쁜 이미지로만 남을
것이다.

챌린저호의 경우는 사고조사위원회가 세워져 상세히 보고가
되었기 때문에 우리도 일련의 과정을 알 수 있었다. 예를 들어 티
오콜의 기술 담당 부사장인 룬드가 매이슨으로부터 기술자의 모
자를 벗고 경영자의 모자를 쓰라는 말을 들었다는데, 대개 이렇게
구체적인 사실까지는 밝혀지지 않는다.

조직 또는 회사에서는 보통 기술자의 생각보다 경영자의 생각
이 우선된다. 그렇게 되면 기술자가 아무리 노력해도 경영자에게
윤리적 의식이 없다면 모두 허사가 된다. 이럴 때에는 차라리 기술

자 윤리를 운운하기보다 경영자 윤리를 바로잡는 데에 힘을 쏟는 편이 효율적이다. 이런 일이 벌어지지 않도록 엔지니어는 항상 이상을 향해 노력해야만 한다.

기술자의 커뮤니케이션 능력이 승패를 가른다

비전문가와의 소통에 능숙해야 하는 이유

챌린저호 폭발사고는 분명 불행한 사건이었다. 이 사고의 원인에는 NASA의 구조적인 문제와 정치적인 압력 등도 있을 것이다.

많은 사람이 알고 있을 것으로 생각하지만, 일본에서도 JR후쿠치야마 탈선 사고 이후 기차에 어떤 조그마한 이상이라도 발생하면 일단 그 기차는 무조건 정지하라는 규정이 만들어졌다. 덕분에 연착을 만회하기 위해 무리한 운행을 하지 않게 되었다. 시간표대로 움직여야 고품질 서비스로 인정받는 교동 시스템에서 안전을 보다 우선시하는 의식이 정착된 것이다. 물론 바람직한 일이다. 대형 사고는 조직에도 경영 위기를 가져오기 때문이다.

이런 일이 발생하지 않도록 평상시 엔지니어는 전문 분야 외의 사람과도 기술적인 이야기를 능숙하고 이해하기 쉽게 전하려는 노력을 게을리하지 말아야 하고, 관련 기술도 갈고 닦아야 한다. 꾸준히 연습하지 않으면 여차할 때 대응할 수 없다.

이제부터 잘된 사례를 소개하려 한다.

60층 높이의 빌딩이 붕괴 위기에 처하다

도쿄 도시마구 이케부쿠로 역에서 걸어서 10분 정도 떨어진 지역에 1978년 세워진 빌딩, '선샤인 60'이 있다. 이곳은 수십 년 전 '스가모 프리즌'이라고 불리며 극동군사재판을 통해 전쟁범죄자인 도조 히데키 등이 교수형을 받은 곳이다. 이 때문인지 사람들 눈에 잘 띄지 않는 장소지만, 빌딩 근처 동이케부쿠로 중앙공원 내에 평화기원 위령비가 있다.

이러한 곳에 세워진 선샤인 60은 높이 226.3m으로, 63빌딩(249m)이 건설되기 전까지는 아시아에서 가장 높은 빌딩이었다. 그런데 선샤인 60보다 약 50m나 높은 건물이 뉴욕 3번가에 1년 먼저 출현했는데, 바로 시티코프 타워Citicorp tower(지금의 시티그룹 센터Citigroup Centre 빌딩)다. 시티그룹의 본사 빌딩으로도 알려져 있다.

시티코프 타워는 눈에 띄는 두 가지 큰 특징이 있다. 하나는 꼭대기에 있는 삼각형 옥상, 그리고 건물 전체를 떠받치는 거대한 4개의 기둥이다. 당시로서는 매우 특이한 형태였는데, 여기에는 이유가 있다.

당시 이 부지는 미국에서도 상당한 인지도가 있는 교회 소유였는데, 부지의 북서쪽 구석에 교회가 자리하고 있었다. 시티코프 측은 기존의 건물을 헐고 같은 위치에 새로 교회를 건축하는 조건으로 그 부지의 공중空中권을 얻었다.*

조건대로 부지의 한구석을 비우고 건물을 세워야 했기에 건물의 네 귀퉁이가 아닌 사면의 정중앙에 기둥을 세웠고, 이 기둥들이 9층 높이 분량을 들어 올려 전체 59층의 높이를 자랑하는 특이한 건물이 완성되었다. 더불어 전체 무게를 가볍게 하려고 철골을 사용한 보구조를 채택해 건물이 바람에 잘 흔들리도록 만들어졌다. 이 바람 때문에 생기는 흔들림을 잡기 위해 옥상에 무게 400t의 추를 설치해 전동 댐퍼damper(완충 장치) 구실을 하도록 했다. 그 장치가 삼각형 옥상 안에 있다. 이 전동 댐퍼에 의한 제진制振 장치는

---

* 미국은 '공중권Air-right'이라는 건축법규가 있다. 이는 대지의 용적률로 보아 더 높이 지을 수 있는 땅이지만 현재의 건축주가 1층짜리 건물만을 가지고 있고 이를 부수고 다시 지을 계획이 없을 경우, 자신의 땅 위에 지을 수 있는 나머지 층의 권리를 팔 수 있는 법이다.

현재에는 어느 곳에서나 사용되는 흔하디흔한 장치지만, 당시에는 세계 최초의 시도였다. 약 40년 전의 일이다.

이 시티코프 타워의 구조 설계를 담당한 사람이 윌리엄 르메서리어William LeMessurier였다. 당시 30대였던 그는 고층 건축에서 폭넓은 경험을 쌓은 젊은이로 주목받는 구조설계 건축사였다. 그는 앞서 이야기한 혁신적인 아이디어를 사용해 제약 조건을 멋지게 완수하고 건물을 완공했다.

어느 학생의 질문, 뒤늦게 알게 된 사실

1978년 5월 시티코프 타워 공사가 끝나고 다른 건물을 담당하게 된 르메서리어는 그 건물 설계에도 경사지주법을 도입하려고 했다. 하지만 르메서리어가 이 점을 시공업자에게 전했을 때 "당신이 하려는 경사지주 접합법은 관통 용접인데, 관통 용접으로는 비용과 시간이 너무 많이 들어간다. 관통 용접이 아닌 볼트 접합으로 해달라."라는 요청을 받았다. 그래서 르메서리어는 시티코프 타워의 건설 당시 어떤 논의가 오갔는지 알기 위해 시공업자를 찾아갔다. 이윽고 시티코프 타워도 르메서리어가 지시한 관통 용접이 아닌 볼트 접합으로 시공되었음을 알게 되었다.

그리고 다음 달인 1978년 6월, 르메서리어는 공학을 공부하는 한 학생으로부터 전화로 빌딩의 지주支柱에 관한 질문을 받았다. 이 학생은 자신의 대학 지도 교수가 시티코프 타워의 설계자가 기둥 위치를 잘못 잡았다고 했다며 르메서리어의 의견을 듣고 싶다고 했다. 르메서리어는 학생의 의문에 답하기 위해 설계 조건, 이에 따른 지주의 위치 그리고 시티코프 타워의 특이한 외관과 그에 따른 내풍설계에 관해 설명했다.

그런데 사실 당시 그가 놓치고 있었던 큰 문제가 하나 있었다. 시티코프 타워의 특이한 형태상 반드시 비스듬히 불어오는 바람을 견딜 수 있도록 설계해야 했는데, 르메서리어는 비스듬히 부는 바람이 시티코프 타워 건물에 주는 영향과 관련 수치를 정확하게 계측한 적이 없었다. 이는 당시 뉴욕 건축 조례 상 건축 설계 시 수직 방향으로 부는 바람에 의한 영향만을 고려하면 되었기 때문이었다.

학생과 문답을 주고받으며 그는 새로이 등장한 특이한 모습의 빌딩에 많은 사람이 관심을 가지고 있고, 이 빌딩이 대학에서 구조공학을 배울 때 매우 귀중한 사례가 될 것을 깨달았다고 한다.

그리고 비스듬히 부는 바람과 그 영향을 실제로 계산한 그는 결과에 깜짝 놀랐다. 비스듬히 부는 바람 때문에 주요 구조 부분에는 상정한 것보다 40% 이상의 엄청난 응력이 발생하고, 심지어 접합부에는 응력이 160%나 증가한다는 결과가 나왔기 때문이었다. 쉽게 설명하자면, 강한 바람으로 무너질 가능성이 있다는 뜻이다. 이후 그는 급히 건물 설계 단계에서 컨설팅을 맡았던 웨스턴 온타리오 대학교의 앨런 데이븐포트로부터 풍동風洞 시험 데이터를 입수했고, 이에 따라 볼트 접합으로 변경된 '실제 건설된 시티코프 타워'도 검토했다.

이 과정에서 르메서리어는 중대한 사실을 알게 되었다. 접합부가 지금처럼 볼트 접합인 채라면 16년에 한 번 뉴욕을 휩쓰는 허리케인 정도의 풍력에 건물이 붕괴할 가능성이 있다는 결과가 나온 것이다. 1978년 7월 말의 일이었다.

만약 이 건물이 태풍으로 무너졌다면 어떤 일이 발생했을까? 한번 생각해 보자.

훗날 르메서리어는 "자살을 생각했을 정도였다."라고 웃으며 말했다. 물론 그는 자살하지 않았다. 자살은커녕 허리케인이 오기까지 남은 2개월 사이 어떻게든 건물이 붕괴하지 않도록 갖은 노력을 아끼지 않았다. 이때 그는 '이 건물이 허리케인으로 무너질 가능성이 있다는 사실을 눈치 챈 사람은 지금 세상에 나 한 명뿐'이라는 사실을 명확히 인지하고 있었다. 이것은 기술자라면 누구라도 직면할, 가능성 있는 일이다. 자신이 가진 전문 지식과 응용 능력을 활용해 자신만이 위기의 가능성을 알아차리는 때가 있을 수 있다. 이 사건에서 르메서리어가 바로 그런 사람이었다.

핵심 정보를 쉽고 빠르게 전달해 최악의 상황을 막다

르메서리어는 이 문제를 해결하기 위해 다음과 같은 행동을 취한다. 풍동 시험 결과를 알게 된 지 이틀 후부터의 행동이다.

7월 31일: 시티코프 타워의 구조 컨설턴트, 자신을 고용한 건축회사의 고문 변호사, 보험회사에 연락해 협조를 부탁했다.

8월 1일: 보험회사의 변호사 수 명과 회의. 구조 엔지니어인 로버트슨을 특별 고문으로 고용할 것을 결정. 르메서리어의 공동 경영자가 시티코프의 부사장 존 S. 리드와 미팅 약속을 잡는 데 성공, 리드에게 상황을 설명했다.

8월 2일: 리드의 중개로 당시 시티코프의 회장이었던 월터 리스톤과 미팅. 수리 제안을 받은 리스톤은 그 자리에서 협력을 결정. 빌딩 입주자는 물론 관계사와의 연락을 스스로 책임지고 관리했다.

8월 3일: 보강 공사를 맡은 회사 엔지니어의 상담, 현 상황과 공사 계획을 공유, 동의했다.

이처럼 단기간 내에 사건을 정리해 건축을 잘 모르는 사람에게도 사태의 중대성, 긴급성을 인식시키면서 위기 회피를 위한 수단을 강구했다.

전항(200쪽)에서 소개한 회사원 엔지니어 보졸리와 건축 사무소의 경영자였던 르메서리어를 같은 선상에 놓고 비교할 수는 없다. 하지만 약 1년의 기간이 있었으면서 상사를 설득하지 못했던 보졸리와 겨우 4일 만에 시티코프 최고 책임자의 동의를 얻어낸 르메서리어의 방법은 역시 근본적으로 달랐다.

가장 달랐던 점은 사태를 알기 쉽게 전달하는 능력일 것이다. 전문가는 어찌됐든 전문가만이 이해할 수 있게 이야기를 전달하려고 한다. 이래서는 일부의 사람만이 무슨 뜻인지 이해할 수 있어 상황을 진전시킬 수가 없다. 특히 시티코프 타워 사례가 그러했다.

르메서리어가 취한 행동은 윤리적인 측면만으로 평가되고 있지만, 사실은 그렇지 않다. 그의 정보를 전달하고 사람을 이목을 끌고 설득하는 힘이야말로 이 시티코프 타워의 붕괴를 막은 원천이었다.

사전 대책과 우수한 기술력으로 대응하다

이야기를 계속하겠다. 개량 공사를 진행하는 한편, 르메서리어는 만약의 사태를 대비하기 위해서도 움직였다. 허리케인으로 정전이 발생했을 때를 상정한 것이다. 타워의 진동을 억제하는 구실을 하는 '동조 질량 댐퍼'는 전기로 움직임을 제어했기에 당연히 정전되면 댐퍼는 움직이지 않는다. 이렇게 되면 바람에 의한 진동에 더더욱 취약해진다. 이를 방지하기 위해 정전되지 않는, 무정전 보조 전원을 확보했다.

여기에 그치지 않고 기상학 전문가 두 명을 고용, 대서양에서 허리케인의 발생을 상시 감시하도록 했다. 물론 허리케인의 정보는 순차적으로 입수되도록 채비를 갖추었다. 놀라운 점은 여기에 더해 빌딩 주변 반경 10블록 내의 주민들을 대피시키기 위한 긴급 피난 계획을 책정한 뒤 뉴욕시 당국에 상황을 설명했다는 점이다.

한편 곧바로 시작된 보강 개량 공사는 불필요한 혼란이 일어나는 것을 막기 위해, 그리고 입주자가 피해를 보지 않도록 야간에 이루어졌다. 또한, 수리 중에 다른 취약한 부분의 조사와 가장 적합한 수리 방법 선정을 위한 강도 계산 등도 동시에 시행했다.

운도 따랐다고 생각한다. 공사 중인 9월 1일에 허리케인이 발생해 관계자들을 긴장시켰지만, 다행히 허리케인은 뉴욕에 상륙하지 않고 해상에 머물렀다.

공사는 순조롭게 진행되어 본격적인 허리케인 시즌이 된 9월 중순에는 공사가 끝나 피난 상태도 해제되었다. 그리고 10월에는 보강 공사가 무사히 종료되어 시티코프 타워는 700년에 한 번 오는 초대형 허리케인에도 무너지지 않을 정도의 강도를 지닌 빌딩으로 다시 태어났다.

행동이 평가받아 보험료가 인하되었다

보강 공사가 거의 완료된 9월 중순, 시티코프와 르메서리어 사이에서 수리비 지급 관련 회의가 열렸다. 보강과 그 외 대책 마련에 투입된 비용의 정확한 금액은 알 수 없지만, 800만 달러 이상이라는 설도 있고 400만 달러 정도라는 설도 있다. 어느 쪽이든 르메서리어가 낼 수 있는 금액은 손해 보험을 통한 200만 달러 정도였다.

하지만 시티코프 측은 이 금액에 아무런 이의를 제기하지 않았다. 부족한 금액은 시티코프 측이 냈다. 더욱이 이후 보험회사와 회의를 가진 르메리서리어 측은 보험비가 상승하리라 예측했지만, 보험회사 측은 르메서리어가 빌딩 붕괴 위험을 미리 알아차리고 이를 막기 위해 최선을 다했던 사실을 높이 평가했다. 보험회사로서는 보험사상 최악의 피해를 미리 방지한 것이기 때문이었다.

다시 한 번 말하지만, 르메서리어의 행동은 분명 윤리적으로 매우 훌륭한 행동이었다. 하지만 그는 엔지니어로서도 일류였다. 오늘날에도 기한 내에 개량 공사가 끝나지 못하는 일은 비일비재하다. 하지만 당시 그는 허리케인이 오기 전에 확실히 개량 공사를 끝냈다. 그리고 무엇보다 그는 남을 설득하는 데에 능숙했다.

전문가이면서 다른 분야 사람들을 잘 설득하는 기술. 르메서리어가 이 기술을 잘 발휘한 것이야말로 빌딩을 붕괴 위험에서 구한 원동력이었다. 그리고 이것이 모턴 티오콜의 엔지니어, 로저 보졸리에게 부족한 능력이었다. 전문가는 전문가 이외의 사람을 능숙하게 설득해야 함을 인식한 상태에서 그들과 만나야 한다.

엔지니어 경력 관리 체크리스트 #8

사고 등 위험에 대비되어 있는가?

- 나는 성공 못지않게 실패도 분석하는가?
- 기술의 유통기한에 대해 인지하고 있는가?
- 위험을 극복할 수단이 있는가?

엔지니어는 먼저 생각하는 사람이다. 아무리 좋은 아이디어라도 위험을 감수해야 한다면 시장에서 환영받을 수 없다. 위험과 사고에 대비하는 것은 엔지니어의 기본이다.

CTO(최고 기술 책임자)란

CTO의 직무는 광대

인터넷 사전에서 최고 기술 책임자CTO(Chief technical officer 또는 Chief technology office)를 찾으면 다음과 같은 설명이 나온다.

자사의 기술 전략과 연구 개발 방침을 입안, 실시하는 책임자를 말한다. 오피서 제도 내 관리직 중 하나로, 제조업이나 IT업계 등 기술력이 핵심 역량인 기업에서는 CEO(최고 경영 책임자), CFO(최고 재무 책임자) 등과 어깨를 나란히 할 정도로 매우 중요한 관리직이다. 실제로 CTO 직함을 지닌 사람의 역할은 회사마다 달라 때로는 기술 부문이나 연구 개발 부분의 장을 의미할 때도 있다. 하지만 원래 치프 오피서는 어느 한 곳에 소속되지 않는 '경영자'이며 미국의 MOT(기술 경영)의 관점에서는 MOT 실천자, 최고 책임자로 여겨진다.

이 설명대로다. 기술력을 사용해 사회, 기업을 성장시키기 위해서는 반드시 외부, 내부의 기술을 잘 아는 사람이 경영자 측에 있어야만 한다.

컨설턴트로 기업 경영자와 만나 이야기를 나눌 기회가 종종 있는데, 때때로 자사의 기술에 관해 아무것도 모르는 듯한 모습을 경영자가 보여 놀랄 때가 있다. 물론 중소기업에서 CTO라는 직함을 사용하는 사람은 없다. 사장이나 전무가 겸임할 때도 있다. 그다지 상관은 없다. 본인이 그 업무를 자각하고 있다면 크게 문제될 일은 아니다.

자사의 기술을 활용해 거대한 경영 자원을 키우며 경영 전략에 따라 그 자원을 수확하는 일 혹은 자사의 기술을 무기로 기업이 나아갈 길을 여는 것. 이것이 CTO가 해야 하는 일이다. 경영자가 겸무하는 것이 아니라면 보통 경영자를 보좌하는 직책이다.

미국에서는 1950년대~1970년대까지, 일본에서도 거품 경제가 붕괴하는 1990년대까지 기업은 자체적으로 연구소를 세워 기술 연구를 진행했다. 연구소에 들어간 사원은 매일의 잡무에 시달리지도, 비즈니스에 휘말리는 일 없이 연구에만 집중할 수 있었다.

하지만 안타깝게도 생각만큼의 성과를 내지 못했고, 이로 인해 폐쇄된 연구소도 많다. 현재는 자체 연구소 없이 대학에 돈을 내고 의뢰하는 경우가 많다. 이때 어느 대학의 어느 교수와 손을 잡을지를 결정하는 것도 CTO의 일이다. 역시 기술 동향에 밝아야만 하는 업무다.

챌린저호의 비극을 일으키지 않기 위해서

앞서 소개한 것처럼 모턴 티오콜사의 경영자는 자사의 사원이 경고의 나팔을 불었음에도 모회사인 NASA의 의향에 맞추기 위해 기술적 문제점을 무시했다. 경고의 나팔을 불었던 보졸리의 나팔 부는 법에도 문제가 있었다. 하지만 임원 중에서도 기술을 아는 사람이 있었음에도 "엔지니어의 모자를 벗어라."는 말을 듣고 "네, 알겠습니다."라고 답한 부분 역시 문제였다.

티오콜사의 간부는 발사의 안전성을 증명하지 않고, 발사가 '위험'하다는 점을 증명하라는 NASA 간부의 요구를 받자마자 주장을 굽혔다. 이후 열린 사고 조사에서 NASA 간부가 발사 스케줄을 지키기 위해 안전 규정을 무시했음이 밝혀졌다. 만약 기술적 문제점을 알게 된 상관이 조금 더 빨리, 보졸리들이 했던 검증 실험에 관여했다면 사고는 일어나지 않았을지도 모른다.

우주왕복선 문제만이 아니라 자동차 제조사의 데이터 조작이나 건설 회사의 맨션 기초 공사 데이터 조작 등 신문에 대서특필되는 사건이 일 년에 몇 건이나 발생하고 있다. 제품을 세상에 내놓고 이를 통해 이익을 얻어 회사를 성장시키려면 매일같이 안전성을 검토하고, 만약 예측하지 못한 사태가 발생한다면 어떻게 대응할지를 실질적으로 치열하게 훈련해야 한다. 이러한 일을 계획하고 실행으로 옮기는 것이 CTO의 임무다.

역시 기술로 이익을 얻는 기업에서는 기술을 잘 아는 사람이 경영진 안에 있어야 한다. 지금도 그렇지만, 앞으로는 점점 더 CTO가 중요한 위치를 차지할 것이다. 그렇지 않다면 다원의 바다를 헤엄쳐나갈 수 없을 테니까.

그렇다 해도 흔히 있는 일이다. 자신을 낮춰 봤자
어차피 서투른 야심으로 발을 내딛는 것과 같다.
높은 곳으로 올라가는 자는 반드시 그것을 눈여겨본다.
-셰익스피어, 「줄리어스 시저」제2막 제1장(후쿠다 쓰네아리 옮김)

CHAPTER 6

진짜 난관은
기술 문제가
아니다

Section 1

엔지니어도 되새겨볼 일

참고가 될 n선 소동

'정보 폭발'과 함께 인터넷 검색이 급격하게 발달한 탓에 '연구 중 의심스러운 부분'을 철저하게 찾아내는 사이트가 등장했다. 마치 탐정 게임을 하듯 잘못된 부분을 낱낱이 파헤치는데, 실제로 몇몇 유명 논문의 부정을 폭로하기도 했다. 물론 그중에는 소동으로 끝났을 뿐 문제가 되지 않은 논문도 있었다.

과학계에서 최근 가장 큰 소동을 일으킨 사건이라고 하면 아무래도 STAP 세포 소동(2014년 1월 일본 이화학 연구소 소속 오보카타 하루코 박사(이후 박사 학위 자격 박탈)가 '평범한 세포를 약산성 용액에 잠깐 담근 후 약간의 조정 과정만 거치면 어떤 세포로도 변할 수 있는 '만

능세포'를 개발했다'는 내용의 논문을 《네이처》를 통해 발표했다(단독 논문이 아닌 공저자로 14명 등록). 하지만 검증 절차에서 조작 의혹이 제기되었고 2014년 7월 《네이처》가 논문 철회 결정을, 같은 해 12월 이화학 연구소가 관련 의혹이 사실임이 확인되었다는 내용의 최종 발표를 내놓았다-옮긴이)일 것이다.

이 소동이 일어난 때는 야마나카 신야山中伸弥 교수의 iPS 세포 연구가 2012년 노벨상을 받은 지 얼마 지나지 않은 때였다. 덕분에 생명과학계가 온통 들끓었다. 세상 모든 사람이 다음 새로운 발견을 목 빠지게 기다리고 있던 때에 젊은 여성 연구자가 상식을 뒤엎는 신발견을 발표했다. 당연히 신문도 TV도 관련 내용을 앞다퉈 보도하기 바빴다.

사실 STAP 세포 소동과 완전히 같은 현상이 약 100년 전에 일어났었다. 그때 어떤 소동이 일어났는지를 알았다면 이 소동을 잠재우는 데에 도움이 됐었을 수도 있다.

르네 블롱들로Rene Blondlot는 n선 발견자라는, 명예라고는 할 수 없는 명예를 가지고 있다. 블롱들로는 프랑스 낭시 대학(프랑스에서 소르본 대학과 어깨를 나란히 할 정도의 일류 대학이다)의 연구자이자 뛰어난 물리학자로 1800년대 후반에는 물리학 분야에서 여러 뛰어난 업적을 올리기도 했다. 절대 어딘가 의심스러운 이류 학자가 아니다.

1800년대 후반에서 1900년대 전반에 걸친 시기는 물리학 측면으로 봤을 때 흥분으로 가득한 시기였다. 1895년 뢴트겐이 χ선을 발견한 뒤 수년 사이 α, β, λ선이라는 다양한 종류의 방사능이 계속해서 발견된 때였다.

블롱들로는 발견한 방사선 이름에 자신이 근무하는 당시 대학의 n을 붙여 'n선'이라고 이름 붙였다. n선의 발견을 공표한 1903년 당시 물리학자들은 새로운 형태의 방사선을 발견하기 위한 마음의 준비를 하고 있었다(이번 STAP 세포와 마찬가지로). 바꿔 말하면 시대의 분위기가 새로운 방사선의 등장을 기다리고 있었다.

1903년 논문에서 블롱들로가 보고한 n선의 특성 중 하나는 전기 스파크의 빛을 증대시킨다는 것이었다. 블롱들로는 n선을 검출할 때 스파크의 밝기를 자신의 눈으로, 주관적으로 측정했다. 밝기의 객관적 측정을 위해 다른 장치를 사용하거나 하지 않았다.

하지만 블롱들로는 고명한 물리학자였기 때문에, 일단 n선을 공표하자 모든 물리학자가 연구하기 시작했다. 공표 직후 수년 동안 엄청난 숫자의 논문이 그야말로 폭포수처럼 쏟아져 나왔다. 대부분은 프랑스 대학 실험실에서 나온 논문들로, 모두 n선의 존재를 확인하고 새로운 특성을 발견해 나갔다.

당연한 일이지만, 이 연구와 관련해 선두에 선 곳이 블롱들로의 연구실이었다. 그때까지만 해도 그는 n선의 존재를 결정하는 새로운 검출 방법을 가지고 있었다(라고 발표했다). n선을 쏘이면 빛의 강도를 더 세게 만드는 화학물질을 바른 형광판을 사용한 방법이었다.

하지만 이때도 마찬가지로 밝기의 정도를 확인하는 데 자신의 눈으로 관찰한다는, 완전히 주관적인 방법을 사용했다. 더욱이 측정할 때 블랑들로는 실험자에게 "형광판을 직접 봐서는 안 된다. 곁눈으로 슬쩍 봐야 한다."라는 말을 아무 거리낌 없이 했다. 즉, 정면으로 보지 말고 곁눈질하라는 말이다. 지금의 우리라면 "왜?"라고 생각하겠지만, 당시 사람들은 어떤 의문도 떠올리지 않았다.

하지만 없는 것은 없는 것이다. 1904년에는 프랑스 이외 나라의 과학자들로부터 반론이 제기됐다. 특히 n선 옹호파에게 치명적이었던 것은 프랑스 물리학자 외에는 블롱들로의 실험을 재현하지 못했다는 사실이었다. 주관적이 아닌 객관적인 밝기의 측정이 이루어지기 시작하면서 재현 실험의 실패는 한층 두드러졌다.

소동은 불꽃놀이처럼 끝났다

그리고 드디어 n선의 존재를 부정하는 가장 강력한 증거가 나왔다. 미국 물리학자 로버트 W. 우드Robert W. Wood가 블롱들로의 실험의 진위를 자신의 눈으로 확인하기 위해 블롱들로의 실험실을 방문했던 것이다(《네이처》의 의뢰로 파견되었다는 설도 있다).

우드는 조금 특이한 사람으로, 물리학 이외의 분야에도 곧잘 파고들었다. 우드가 즐겨 한 일 중 하나가 심령술을 다루는 영매의 사기를 폭로하는 일이었다. 그 경험이 블롱들로의 n선 검출 실험을 검증할 때 큰 도움이 되었다.

당시 블롱들로는 납이 n선을 통과하지 않는다는 사실을 증명하려 노력했다. 블롱들로의 실험실에서 n선 검출 실험을 실제로 관찰한 우드는 n선이 실재한다는 증거인 밝기의 변화가 블롱들로의 상상력의 산물이라고 결론 내렸다. n선의 존재를 증명하겠다는 블롱들로의 바람에서 비롯된 결과라고 판단한 것이다.

n선 실험은 조명을 어둡게 한 실험실에서 이루어져야 했다. 그래야만 방사선에 의한 밝기의 변화를 관찰하기 쉽기 때문이다. 우드는 이 어둠을 이용해 밝기의 변화를 측정하는 데 성공했다는 블롱들로의 말은 그가 가진 신념의 산물일 뿐, n선의 유무와는 관련이 없다는 사실을 밝혀냈다.

우드는 어느 실험에서 n선 발생 장치와 형광판 사이에 납판을 놓아 n선이 차단되도록 했다. 물론 블롱들로에게는 비밀이었다.

나아가 우드는 아주 작지만, 매우 결정적인 변화를 실험에 더했다. 그는 블롱들로에게 납판이 n선을 차단하지 않을 때 납판을 삽입했다고 이야기하고, 반대로 납판이 n선을 차단할 때에는 납판을 치웠다고 알렸다. 만약 정말로 n선이 존재한다면 형광판의 휘도輝度 판정은 실제로 납판이 발생 장치에서 나오는 n선을 막느냐 아니냐에 따를 뿐, 블롱들로의 생각과는 아무런 연관이 없을 것이기 때문이다.

이 실험을 통해 우드는 블롱들로가 내린 휘도의 판정은 그가 믿고 있던 납판의 위치에 의존한다는 점을 밝혀냈다. 블롱들로는 납판이 사이에 있다(n선이 차단)고 믿었을 때는 실제로는 그 반대였음에도 형광판의 밝기가 낮아졌다고 보고했다. 반대로 납판이 없을 때(n선이 통과)에는 실제로는 납판이 있었지만 밝기가 증가했다고 보고했던 것이다.

이후 1907년경에는 프랑스에서조차 아무도 n선에 대해 이야기하지 않았다. 하지만 오로지 한 사람, n선의 존재를 믿고 죽을 때까지 연구를 계속한 과학자가 있었다. 발견자인 르네 블롱들로다. 그는 n선의 존재를 믿고 자신의 생애를 n선 연구에 바쳤다.

한 시대를 풍미한 이 사건에서 교훈을 얻었더라면 'STAP 세포' 소동은 다르게 전개되었을 것이다.

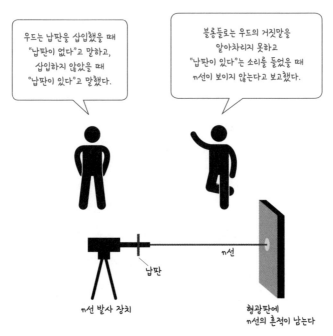

※ 기록이 없어 상상도로 대신한다.

과학 기술의 세계에는 자정 작용이 있다

과학 기술의 세계에서는 최초 발견자가 찬사를 독차지한다. 그래서 연구자들은 항상 경쟁 속에 있다. 특허도 비슷하다. 하지만

110년 전의 'n선' 소동도, 검증을 거친 끝에 잘못된 것은 잘못된 것이라는 판단을 받았다.

이런 일들은 어느 정도 시간이 흐르면 몇 번이고 또다시 발생한다. 바꿔 말하면 교훈을 통해 배우지 못했다는 뜻이다. 하지만 결국 매번 같은 자정 작용을 거쳐 정정될 것이다. 이 점이 유사 과학과 진짜 과학의 차이점이다.

Section 2

사라진 기술은 몇 개일까?

사라진 기술을 되돌아보다

신기술로 불리는 기술은 처음에는 엄청난 저항을 받기도 한다. 지금은 자동차 에어백이 설치되지 않은 차를 찾는 것이 어렵지만, 처음에는 사내 구성원 대부분이 반대했다. 이와 관련해서는 고바야시 사부로의 저서 『혼다 이노베이션의 진정한 의미』에 자세히 나와 있다.

기술의 역사에 조금이라도 흥미가 있다면, 사라진 기술을 찾아보는 것도 재미있을 것이다. 거기에는 햇빛을 보지 못한 채, 혹은 아주 잠깐 햇빛을 보고 금세 사라져버린 기술의 사체가 산처럼 쌓여 있다.

오타니 일문 타자기　　　　　　　마쓰다 일문 타자기

워드 프로세서 1978년에 도시바가 발매하기 시작한 뒤 타사가 뒤쫓
았다. 언어에 따라 작동 방법이 다른데, 영문은 스펠링 검사가 가능한
타자기다. 일문은 컴퓨터가 문맥을 판단해 가나 문자를 한자로 바꾼
다. 워드 프로세서가 발매되기 전에는 사진에서처럼 일문 타자기가
있었다. 지금은 타자기든 워드 프로세서든 소모품조차 팔지 않는다.

무선호출기 1968년 NTT가 아직 전전공사電電公社(일본 유일의 국영통
신업체-옮긴이)였을 때 도쿄 23구에서 서비스를 개시했다. 무선호출
기(한국에서는 일명 삐삐, 일본에서는 포켓벨로 불렸다-옮긴이)의 통신 가입
자가 가장 많았던 때는 1996년으로 약 1,078만 명이었다. 이후 2007
년에 서비스가 종료되었다. 중학생, 고등학생에게 특히 인기가 많았
던 통신기여서 1980년대에 태어난 사람들은 기억할 것이다. '무선호
출기' ⇒ 'PHS' ⇒ '휴대전화' ⇒ '스마트폰'으로 성장해갔다.

필름 카메라(은염 카메라) 이 기술은 현시점에서 사라진 기술일지도 모르겠다. 일본의 고도성장과 함께 발달한 대표적 고도 기술은 일안 반사식 카메라SLR와 고급 오디오였다. 현재는 관련 제조사 모두 경영난에 빠져 있다. 물론 그중에는 후지필름처럼 타 분야로의 혁신이 잘 이루어진 회사들도 있다. 후지필름과 코닥을 비교하면 그것만으로도 책 한 권이 나올 정도다.

더 쓰자면 끝없이 나올 것 같아 이쯤에서 그만두겠다. 이를 통해 내가 하고 싶은 이야기가 무엇인가 하면, 한 시대를 풍미하다 사라지는 기술이 많다는 것이다. 아니, 그보다 기술이란 원래 그런 것임을 알고 개발해야 한다.

개발자도 인간이므로, 아무래도 자신이 만든 제품 중 평판이 좋았던 제품이나 기술에 매달리게 마련이다. 어느 제품이나 기술이 세상에 나오게 된 경위를 알게 되면 다음 제품이나 기술도 자연스레 같은 흐름, 같은 범위 안에서 생각하게 된다.

특히 그것이 어떤 분야의 초창기나 여명기에 개발된 기술이나 제품이라면, 더욱 그렇게 되기 쉽다. 이 함정에 빠져버리면 그 기업은 다음 시대에 살아남을 수 없다. 성공을 맛본 경험은 언젠가는 버려야만 하는 것이다.

Section 3

엔지니어의 길은 가시밭길인가?

세상은 좋지 않은 제품에 냉정하다

엔지니어는 세상 사람들에게 편리하고 쾌적한 삶을 제공하기 위한 다양한 제품을 생각해 내야 한다. 위험을 안전하게 제어해 누구나 해를 입지 않을 제품을 만드는 것을 목표로 삼아야 할 것이다. 하지만 애초에 위험 요소가 있었다면 사소한 실수로도 사고로 이어질 수 있다. 그리고 그런 일이 발생했을 때 제조자로서 책임을 져야 할 때도 있다.

신문이나 TV를 통해 '공업 제품으로 발생하는 사고가 증가하고 있다'라거나 '일본 기술력이 저하되고 있다' 혹은 '제조업계의 도덕성이 사라지고 있다' 같은 내용의 뉴스를 접했을 것이다. 하지만 오히려 반대다. 세상이 작은 사고조차도 용납하지 않게 된 것과 제조 측이 작은 사고도 숨기지 않게 된 것. 모두 다음에 나오는 데이터를 통해 알 수 있으므로 보길 바란다.

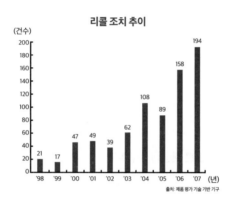

리콜 조치 추이

출처: 제품 평가 기술 기반 기구

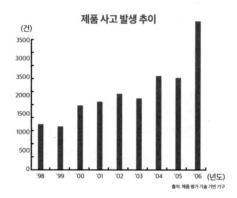

제품 사고 발생 추이

출처: 제품 평가 기술 기반 기구

조금 오래된 데이터라 민망하지만, 리콜 조치의 수는 10년 동안 5배 가까이, 제품 사고 발생 빈도는 10년 동안 3.5배 증가했다. 1995년 이전이라면 1년에 몇 건 발생하지 않았을 것이다.

보도된 정보를 받아들이는 측이 이 데이터를 보면 사고와 리콜이 증가했다고 생각하기 쉽다. 하지만 사실은 다르다. 과거에는 불편한 정보를 접해도 '이 정도는 어쩔 수 없다'며 넘어갔지만, 이제는 그러한 정보를 모아 데이터화한 뒤 공표하는 시대가 되었기 때문이다.

30년 사용한 선풍기

2007년 낡은 선풍기에 의한 화재로 두 명이 사망한 사고가 있었다. 2013년 2월 21일 발생한 나가사키현 나가사키시의 공동생활가정(그룹홈) '벨하우스 히가시야마테' 화재 사건은 가습기가 화재의 원인이었다. 정말 안타까운 사고였다.

선풍기는 만들어진 지 30년 이상 된 제품이었고, 가습기는 10년 이상 전부터 리콜이 진행되었는데, 사건은 회수되지 않은 제품에서 발생했다고 한다.

30년 전 선풍기라면 1만 엔도 하지 않을 것이고, 10년 전 가습기도 대형 제품이 아니었으니 이 역시 1만 엔 이하의 제품일 것이다. 100만 엔 이상 하는 자동차도 제조 중지 후 10년이 지나면 보상 부품이 없다는 이유로 수리 불가능 판정을 받는다. 가전제품 제조사의 엔지니어는 이 어려운 환경 속에서 모든 외국 제조사(특히 중국, 한국)와 경쟁해야 한다.

이 사고로 설계자가 형사 처분을 받지는 않았다. 하지만 제조사는 공식 사과를 하며 고객 응대에 나섰다. 그리고 독립 행정법인 제품평가 기술기반기구는 선풍기 화재와 관련해 '오사용', '부주의' 등 소비자의 책임이 아님을 명백히 밝혔다. 더불어 그 외에도 있었던 모두 11건의 발화 사고에 대해 '제품이 원인인 사고'라고 분석했다.

바꿔 말하면 설계자는 30년 뒤까지 제품의 상태를 예측하고 만약의 사고를 예방할 방법을 생각하면서 구조를 만들어야 한다는 뜻이다. 굳이 그렇게까지 해야 하느냐는 의문이 들기 쉽겠지만, 소홀히 했다가는 나중에 자신의 근무처에 큰 손해를 안길 수도 있다. 그리고 엄격한 기준이 늘면 늘었지, 줄어들 일은 없다.

오랜 시간 검증된 기술만 사용하면 사고는 줄어들 것이다?

새로운 기술에 도전하지 않고 오래된 기술만으로 제품을 만들면 제품에 원인이 있는 사고는 거의 발생하지 않는다. 하지만 그런 제품은 팔리지도 않는다. 얼마 전까지 "2위는 안 됩니까?"라는 말이 유행했는데, 과학에서도 기술의 세계에서도 항상 최첨단을 목표로 나아가야만 경쟁에서 이길 수 있다. 사고가 발생해서는 안 되지만, 실패를 두려워한 나머지 신기술에의 도전을 잊어서도 안 된다.

이후 점점 더 엄격한 잣대를 들이댈 사회, 점점 더 치열해질 해외 제조사와의 경쟁. 이 사이에서 엔지니어는 성장해야만 한다.

안타깝게도 인간은 경쟁 상태에 있지 않으면 힘을 발휘하지 않을 때가 많다. 일부 천재적인 사람은 스스로 그러한 상황을 만들 수 있겠지만, 대부분은 그렇지 않다. 반대로 말하면 경쟁 사회는 평범한 사람을 천재로 바꿀 수도 있는 사회이기도 하다.

당신이 세상에 내놓은 제품을
누가 사용할지 알 수 없다

실패학의 중요성

성공의 연구와 실패의 연구는 기술을 굴러가게 하는 양 바퀴다. 어느 쪽도 빠져서는 안 된다. 당신이 고민을 거듭해 만든 제품은 언제, 어떤 상태로 누가 사용할지 알 수 없다. 생각할 수 있는 모든 경우의 수를 고려해 사용자의 안전을 지키는 일. 이것이 엔지니어에게 부여된 사명이라고 해도 틀린 말이 아니다.

도쿄 대학 명예교수인 하타무라 요타로畑村洋太郎 교수가 실패학회를 세운 이유도 '실패학'의 중요성을 알리기 위함이다. 설립 취지에 다음과 같은 글이 실려 있다.

생산 활동에는 사고나 실패가 항상 따라붙는다. 이렇게 따라붙는 사고와 실패는 작은 것에서부터 경제적 손실로 이어지는 것, 부상을 동반하는 것, 그리고 다수의 사망자를 내는 대규모적인 것까지 다양하다.

'실패학'은 이러한 사고와 실패 발생의 원인을 해명한다. 그리고 경제적으로 타격을 주거나 생명에 피해가 가는 사고, 실패를 미리 방지하는 방책을 제공하는 학문이다.

안전한 사회를 실현하기 위해 엔지니어는 실패학을 배워 사고와 재해를 방지해야 한다. 다시 한 번 말하지만, 엔지니어가 다루는 것은 애초에 위험한 것들이기 때문이다.

엔지니어는 앞서 생각하는 자다

모든 엔지니어는 pro(앞)+Matheus(생각하는 자), 프로메테우스가 되어야 한다. 위험한 것을 다루는데 뒤부터 생각해서는 사고를 방지할 수 없다. 과거의 사례를 조사하고 분석해 사고와 실패의 공통점을 찾아내자. 거기시 새로운 수법, 아이디어를 발견하는 사람이 엔지니어다. 엔지니어만이 느낄 수 있는 참다운 즐거움이라고 할까.

제임스 웹 영이 '아이디어란 기존 요소의 조합 그 이상도 그 이하도 아니다.'라는 말을 넘겼다. 이 말은 아이디어를 무시하는 말이 아니다. 누가 말했는지는 모르겠지만, '빵도 고기도 옛날부터 있었지만 20세기가 될 때까지 누구도 햄버거를 떠올리지 않았다'는 말도 있다.

이 말대로 사고를 방지하기 위해 생각을 거듭하다 보면 새로운 아이디어 조합을 분명 발견할 수 있을 것이다. 이를 위해 엔지니어는 프로+메테우스여야 한다. '앞서 생각하는 자'가 되도록 끊임없이 노력하자.

당신이 세상에 내놓은 제품을 누가 사용할지 알 수 없다

산업 제품이든 일반인용 제품이든 당신이 개발해 세상에 내놓은 제품을 누가 어떤 상태에서 사용할지 알 수 없다. 물론 데이터를 활용해 그 경위를 대략 예상해 볼 수는 있다.

하지만 문제는 모두가 알고 있듯이 '예상외의 일'이란 항상 존재하기에 이를 애초부터 상정해야 한다는 점이다. 예산과 수익 문제도 있으므로, 상정의 틀을 무한정 넓힐 수는 없다. 그리고 그 틀 안에서 안전 대책을 세운 뒤 할 일을 다했다며 만족해서도 안 된다. 만약의 사태가 발생해 조직 책임자가 TV 카메라 앞에서 깊이 머리를 숙이는 모습을 보게 될 수도 있다. 아니, 책임자가 머리를 숙이는 것으로 끝나면 다행이다. 자칫하면 조직 자체가 사라질 수도 혹은 설계자 본인이 체포될 수도 있다.

예상 범주 안의 문제들은 물론, 예상외의 일이 발생하면 어떻게 대처할지까지도 생각해야 한다. 현장에 일하는 사람에게 맡기는 것도 좋다. 그 사람이 어떻게 하면 좋은지를 매뉴얼 같은 형태로 배포할 수 있으니까. 설계 담당 엔지니어라면 여기까지 염두에 두자.

━━━━━ 엔지니어 경력 관리 체크리스트 #9 ━━━━━

발명 아이디어를 모아두는가?

정보 정리용 메모 외에 아이디어를 잘 정리하고 확장하는 습관을 들이자. 순간적으로 떠오르는 발상을 언제든 실체화할 수 있도록 아이디어를 모아두면 훗날 큰 재산이 된다.

Section 5

엔지니어에게 혁신이란

지금까지의 교육으로는 21세기를 짊어질 엔지니어가 나올 수 없다

하버드 경영대학원의 클레이튼 크리스텐슨Clayton M. Christensen 박사의 『이노베이션의 딜레마』를 시작으로 이노베이션이라는 제목이 붙은 3권은 중요한 점을 짚은 좋은 책이다. 크리스텐슨 박사는 이 책들을 통해 기업적 측면으로 이노베이션을 설명한다. 그런데 사실 개인적 측면으로도 마찬가지다.

우수하고 공부를 열심히 하는 엔지니어야말로 이노베이션의 딜레마에 빠지기 쉽다. 자신의 전문 분야를 오랜 기간에 걸쳐 조금씩 연구하며 성장한 엔지니어는 전문성은 높지만 좁은 시야를 가질 가능성이 높다. 이러한 상황에 빠지면 이노베이션은 도리어 독이 되어 오랜 기간 공들여 쌓아온 것들을 모두 무너뜨릴 것이다. 바꿔 말하면, 이제까지 쌓아온 기술과 지식 자체가 쓸모없게 된다는 뜻이다. 이는 누구에게나 엄청난 손해다. 하지만 지금처럼 인내력과 암기력을 중요시하는 교육으로서는 새로운 시대를 여는 엔지니어를 키우기 매우 어려울 것으로 본다.

엔지니어의 자격 중에 기술사가 있다. 기술사는 국가자격이므로 법률에 그 자격이 정의되어 있다. 거기에는 다음과 같이 쓰여 있다.

제2조

'기술사'란 제32조 제1항의 등록에 따라 기술사라는 명칭을 사용해 과학 기술(인문 과학에만 연관된 것들 제외하고 모두 아래와 같다.) 측면으로 **고등의 전문적 응용 능력**이 있어야 하는 사항에 관한 기획, 연구, 분석, 시험, 평가 그리고 이와 관련한 지도의 의무(타 법률에서 그 의무 행위에 제한을 둔 의무는 제외)를 행하는 자를 말한다(강조는 필자).

기술사 시험은 주로 필기시험으로 합격, 불합격을 결정한다. 이 시험에서 요구하는 것은 전문 지식과 응용 능력, 과제 해결 능력이다. 그리고 응시하려면 몇 가지 조건이 있는데, 일반적으로 관런 업무 경험이 최소 7년이 되어야 응시할 수 있다. 아무리 성적이 우수해도 학생은 시험을 볼 수 없다. 이것이 다른 자격시험과의 차이점이다.

기술사 자격시험 대책 강좌를 주최하면서 떠오른 생각이 있다. 응시자는 기술 응용 능력을 묻는 시험에서 해답을 서술해야 한다. 한 사람 한 사람이 업무를 어떻게 해 왔는지를 물어볼 수 없으니 이러한 방식의 시험과 답안 요구는 당연하다. 그런데 이 시험 대책을 공부하는 수험생의 반은 강사에게 놀라운 요구를 한다.

모범 답안이 없을까?

업무 속에서 문제점을 발견하고, 지금까지 배웠던 지식과 쌓아온 식견을 활용해 색다른 방법으로 문제를 해결하는 힘, 이것이 응용 능력이다. 여기에 문제 발견력이 더해지면 과제 해결 능력이 된다.

바꿔 말하면, 응용 능력은 아직 누구도 해법을 알지 못하는 문제를 자신이 아는 모든 지식과 식견을 동원해 해결하는 힘이다. 이 힘을 검증하는 시험에서 모의 해답을 강사에게 얻으려 한다는 것이 과연 옳은 일일까?

객관식 시험은 지식만을 묻는 시험이기에 과거의 기출 문제를 모두 암기한다면 어느 정도 합격선을 넘을 수 있다. 나 역시 시험에 빈번히 나오는 문제를 풀고 외우라고 이야기한다. 하지만 응용 능력을 묻는 필기시험에서는 과거 기출 문제의 해답을 암기해 적어봤자 아무런 도움이 되지 않는다. 이런 행동은 그야말로 응용 능력이 없음을 공개하는 행동이나 다름없다.

기술사 시험을 치르는 엔지니어는 대부분 일류 대학을 나와 일류 회사에 다니는 사람들이다(최근에는 공무원도 늘었다). 즉, 학교 성적이 좋았던 사람들이다. 나이는 들었어도 여전히 젊을 때의 기억력을 유지하는 사람도 많다. 그래서 답을 외우려고 한다.

하지만 그때와는 목표를 달리 잡아야 한다.

도쿄 대학 공학부도 변모하다

실패학회의 연례회의에서 강연한 도쿄 대학 공학부 I 교수에 따르면 담당 공학부 강좌 '창조 설계' 수업에는 일본인 학생이 한 사람도 없다고 한다. 일본 학생이 듣지 않는 이유 중에는 I 교수가 이 수업을 영어로 진행한다는 점도 있는 듯하다. 수년 전부터 점차 줄더니 지금은 유학생만 듣는다고 한다.

그리고 거품 경제가 무너지기 전에는 세계 일류 대학으로 유학 가는 일본인 학생이 많았다고 하는데, 지금은 이 또한 확실히 줄었다고 한다. 다음과 같은 자료도 있다(국제 교육 연구소 등 조사).

하버드 대학 학부생과 대학원생 수 통계

1992~1993년도 → 2008년~2009년도

일본인: 174명 → 107명

중국인: 231명 → 421명

한국인: 123명 ›305명

학부생만으로 범위를 좁히면 훨씬 심각한 상태임을 알 수 있다. 지금 소개한 자료는 대부분 대학원. 다음 소개할 자료가 학부생만을 추린 것이다.

하버드 대학 2009년도 학부생 수

일본인: 5명

중국인: 36명

한국인: 42명

이미 알고 있을 것으로 생각하지만, 한국의 인구는 일본의 약 절반이다. 게다가 일본과 마찬가지로 고령화 사회가 진행되고 있다. 대학생 연령의 인구가 일본보다 많을 수가 없다. 그런데도 일본과 8배나 차이를 보이는 것은 대체 왜일까?

실제로 하버드 대학의 첫 여성 총장이 된 드류 파우스트Drew Faust 교수는 "일본 학생과 교수는 해외에서 모험을 하기보다 쾌적한 국내에 머물려는 경향이 있는 것처럼 느껴진다."라는 발언을 했다. 이 또한 위의 자료를 보면 수긍이 간다. 이래서는 우물 안 개구리를 벗어나 새로운 사업을 일으키려는 학생은 나오지 않을지도 모른다. 만약 세계에서 도쿄 대학이나 교토 대학 순위가 조금씩이나마 상승한다면 다행이겠지만, 이 또한 오히려 떨어지고 있는 것이 현실이다.

이러한 현상은 학생만이 아니라 우리 세대 전체의 책임이기도 하다. 우물 안 개구리에서 벗어나려고 노력해야만 한다. 개성 강한 인간을 키우는 방법이란 존재하지 않는다. 그리고 정말로 개성 있는 인간은 틀에 넣으려고 해도 거기서 뛰쳐나오기 때문에 억지로 모양을 잡을 수가 없다.

세계는 점점 좁아지고 있다. 우물 안 개구리로 살다가는 나도 모르는 새 밖은 완전히 다른 세계가 되어 있을 가능성도 있다. 우라시마 타로浦島太郎(거북이를 도와준 덕에 용궁에 가서 며칠간 지내다가 집에 돌아가니 수백 년이 흐른 뒤였다는 내용의 일본 민담 주인공-옮긴이)처럼 되지 않기 위해서라도 쾌적한 국내 환경 안에서만 머무는 태도를 버려야 할 때다.

Section 6

앞으로의 엔지니어론

폭발적으로 증가하는 정보와 가속하는 기술 진보

엔지니어가 접하는 기술적 정보의 양은 10년 전과 비교해 폭발적으로 증가했다. 자신의 전문 영역과 관련한 정보만으로 범위를 좁혀도 비교할 수 없을 정도로 증가했다고 봐도 좋을 것이다.

수치의 신뢰성에 문제가 있다고는 하지만, 총무성에 따르면 1996년부터 2006년까지 10년간 선택 정보 가능량, 즉, 사람들이 접할 수 있는 정보량은 530배나 증가했다고 한다. 530배가 정확한지 아닌지는 제쳐두고, 접할 수 있는 정보량이 10년 전, 20년 전과 비교해 압도적으로 늘어났다는 사실은 실감할 수 있다.

여러 번 말하지만, 새로운 아이디어는 기존 아이디어의 새로운 조합이다. 전문 분야만 고집한다면 새로운 아이디어는 나오지 않는다. 어떤 분야에 당신에게 도움이 되는 정보가 있을지 알 수 없다. 이노베이션은 생각지도 못한 곳에서 발생한다.

주목해야 할 분야

IoT와 인공지능 같이 4차 산업에 관련된 지식이나 정보는 어떤 분야에서든 유용하다. '2045년 문제'로 불리는 기술적 특이점 TS(Technological Singularity)은 젊은 사람이라면 언젠가 맞닥뜨릴지도 모른다. 2045년 문제란 흔히 말하는 '컴퓨터의 지능이 인간의 지능을 넘는 해'다. 전문가들이 그때를 2045년으로 예측해 '2045년 문제'라는 이름이 붙었다.

물론 2045년에 정말로 그런 일이 발생할지 아닐지는 알 수 없다. 훨씬 일찍 올지도, 훨씬 늦게 올지도 모른다. 그리고 개발도상국의 기술력도 어떻게 변화할지 알 수 없다. 현재 일본은 고도의 기술만 보면 경쟁력이 있지만, 코모디티화commoditization(치열한 경쟁으로 품질 등의 차별화가 사라져 가격으로만 경쟁하는 상품) 된 분야에서는 전혀 경쟁력이 없다.

이 책을 쓰고 있는 시점에서 한국산 스마트폰의 발화 문제가 발생했다. 이는 제조사에 치명적인 타격을 입혔다. 북미는 고성능

스마트폰의 가장 큰 소비지지만, 이 사건으로 당분간 북미에서 한국산 스마트폰은 팔리지 않을 것이다. 이미 미국운송성은 2016년 10월 14일에 문제가 된 스마트폰의 항공기 내 반입을 금지했다. 이를 따르지 않는 승객에게는 형사 처분까지 할 예정이라고 한다.

이 시점에도 일본 제조사가 그 구멍을 메우려는 움직임은 보이지 않는다. 그러기는커녕 저가 스마트폰을 제조·판매하는 일에 열심인 듯하다. 이것은 목표가 다르기 때문이라고밖에 볼 수 없다.

글로벌 경쟁에서 도망치는 일본 메이커

일본은 세계 기준으로 보면 작은 나라가 아니다. 인구는 감소 중이지만 그래도 10위. 면적으로는 약 200개국 또는 지역 중에서 62번째로 크다. 극동의 작은 섬나라라는 이미지는 고故 시바 료타로司馬遼太郎의 소설 『언덕 위의 구름坂の上の雲』(소설집 『대망』 시리즈의 34~36권으로 번역 출간되어 있다-옮긴이)의 영향이 크다고 생각한다.

유럽에서 일본보다 큰 나라는 프랑스(51만km²), 스페인(50만km²), 스웨덴(45만km²) 세 나라밖에 없다. 독일은 35.7만km², 일본(37.7만km²)보다 조금 작다.

이렇듯 일본은 어중간한 크기이기는 하지만 해외로 나가 무리하게 경쟁하지 않아도 될 내수시장을 지닌 덕분에 일본 제조사는 자국 내 소비만으로 그럭저럭 매출을 확보할 수 있었다. 실제로 GDP에서 차지하는 수출 비율은 200개 나라나 지역 중 밑에서 25% 정도다. 수출 의존율은 2015년에 11.4%, 바꿔 말하면 내수대국인 것이다. 한국의 경우, GDP에서 수출이 차지하는 비율은 43.4%로 매우 높다.

여담이지만, 이는 일본인이 영어를 잘할 수 없는 이유 중 하나이기도 하다. 대부분 분야의 책이 일본어로 발간되는데, 이렇게 해도 출판사는 채산이 맞는다. 일본어로 읽을 수 있으니 굳이 힘들게 영어를 배우지 않아도 된다. 학생 때는 영어 시험을 치러야 하므로 공부하지만, 사회로 나오면 영어를 사용할 기회 자체가 줄어든다. 기술자여도 분야에 따라서는 영어 능력이 거의 필요하지 않은 곳도 있다.

이야기를 원래대로 돌려서, 일본은 어느 때보다 생산 연령 인구가 감소하는 시대에 들어갔다. 매년 수십만 명 차원으로 인구가 줄어들고 있다. 극단적인 이민 정책이라도 취하지 않는 이상, 인구 감소를 멈출 방법이 없다. 하지만 국민성을 생각했을 때, 매년 수십만 명이라는 이민을 받아들일 수도 없을 것이다.

국내 시장만으로 대기업의 매출을 충족시킬 수는 없다. 다행히 아직 시간이 있으니 그사이에 방법을 모색하자. 이대로 글로벌 경쟁에서 도망칠 수는 없으니까.

어떤 시대에도 기술은 필요하다!

시험 대비 서적을 쓸 때와는 달리 이번 책은 완성에 상당한 시간이 걸렸다.

엔지니어라는 직업을 선택한 젊은이, 한창 능력을 뽐낼 중견 회사원을 위한 책이 될 수 있도록 말하고 싶은 것, 전하고 싶은 것을 가능한 한 담으려 했다.

엔지니어의 성장은 기업을 성장시키고, 자연스레 사회, 세상, 나라의 발전, 성장으로 이어진다고 믿는다. 그러니 당신의 역할이 무척 크다. 테크놀로지의 블랙홀화 같은 말도 들은 지 오래다. 앞으로 엔지니어는 지금보다 더 큰 목소리를 내며 기술을 전해야 한다.

해당 분야의 전문가인 엔지니어는 후쿠시마 원전 사고, 도요스 시장 지하수 사건(일본 최대 규모 어시장인 츠키지 시장의 이전지인 도요스 지역의 지하수 검사에서 기준치를 초과하는 벤젠과 비소 등 유해물질이 검출되었다-옮긴이) 같은 일이 발생했을 때야말로 적극적으로 움직여 책임을 다해야만 한다. 전문 기술을 이야기할 때는 TV의 해설자가 아니라 그 분야의 전문가가 설명해야 한다. 그렇게 하지 않기 때문에 근거도 없고 무슨 말인지 알 수 없는 의견만이 오가는 것이다.

앞으로 어느 정도나 기술이 진보할지 상상도 되지 않지만, 이것을 해내는 사람은 언제나 엔지니어다. 어느 시대든 엔지니어가 만든 새로운 기술이 사회를 더 나은 방향으로 발전시킨다.

이야기를 조금 바꿔서, 에도 시대의 국학자 중에 모토오리 노리나가本居宣長라는 사람이 있었다. 고전문학과 일본사 교과서에도 나오는 인물이니 태어나서 지금까지 이과계 길만 걸은 사람이라도 알 것이다. 모토오리 노리나가가 남긴 책 중에 『우이야마부미初山踏』라는 학문서가 있다. 노리나가에게는 많은 제자가 있었는데, 그들의 요청으로 집필한, 학문을 공부하는 법, 요즘 말로 하면 방법론을 전하는 한 권짜리 책이다.

이 책에는 지금이라면 도저히 받아들일 수 없는, 인류 전체가 배울 필요가 있다는 '진실의 도(아마테라스오미카미天照大御神의 도)' 등도 있어 읽다 보면 지루해진다. 하지만 한편으로는 학문을 배우려면 '조금도 게을리하지 않고 꾸준히' 하려는 자세가 매우 중요하지 방법론 같은 것은 중요하지 않다는 내용도 있다. 이는 노라나가의 시대로부터 200년 이상 지난 지금에도 맞는 이야기다.

잠깐 본문 일부분을 번역해 소개하겠다.

어떤 학문 분야든 배우는 방법은 참으로 다양해 정해진 이론적인 순서 같은 것은 없다. 이러한 것들을 가르치고, 그중에서 이것이 좋다고 명확하게 밝히는 것은 간단한 일이지만, 어떤 학문만을 한정해 가르치는 것이 과연 옳은 일일까? 의외로 나쁜 결과로 이어지지는 않을까? 오히려 진정한 의미의 학문을 아는 데 방해가 되지는 않을까? 실제로 학문을 공부하는 방법 같은 것은 그 사람의 방식에 맡기면 된다. 즉, 학문은 오랜 시간을 들여 포기하지 않고, 게을러지지도 않고, 그저 꾸준히 노력하는 것이 중요하지, 배우는 방법은 아무래도 좋은 것이다. 개인적으로 나는 방법론에 매달릴 필요가 없다고 생각한다.

의역했지만, 그가 무슨 말을 하고 싶어 하는지 대강 느껴질 것이다. 요약하자면, 방법론에 매달리지 말고 오랫동안 노력하는 것이 중요하다는 의미다. 좋은 말씀 정말 감사합니다. 노리나가 선생님.

　엔지니어로 살아가려면 평생 조금도 게을러지지 않고 꾸준히 공부, 연구, 조사 등을 해야 한다. 이런 활동을 계속하면 누구나 일류 엔지니어가 될 수 있다.

　엔지니어라는 직업을 선택한 사람들은 평생 엔지니어로 있어 주기를 바란다. 물론, 어느 정도 나이가 들면 관리 업무가 많아질지도 모른다. 경영자가 되는 사람도, 독립하는 사람도 나올 것이다.

　하지만 그때에도 발명의 기쁨을 잊지 않기를 바란다. 그것이 유형의 제품이든 무형의 서비스나 프로그램이든 당신이 만들어 낸 것, 당신의 팀과 부하직원이 만들어 낸 것으로 사회를 조금이라도 더 나은 방향으로 나아가게 만들길 바란다. 그 안에서 당신의 능력과 흥미의 대상, 가치관이 표현된다면 당신은 행복한 엔지니어다.

　이미 눈치 챈 사람도 있겠지만, 나는 본문에서 '나'라는 1인칭 대명사를 한 번도 사용하지 않았다. 나의 열의를 투영하지 않기 위해서였다. 항상 개인의 기분과는 거리를 두고 사실과 방법을 객관적인 입장에서 쓰려고 했다. 성공했는지 아닌지는 잘 모르겠다.

그리고 도움이 될, 실천적인 노하우만 집중적으로 전하려 했다. 이 내용들은 어떤 분야의 엔지니어도 사용할 수 있는 그런 노하우라고 생각한다. 어느 것이든 하나라도 당신의 일에 도움이 된다면 그것만큼 기쁜 일이 없을 것 같다.

마지막으로 이 책을 출판하기까지 우지가와 씨, 일본 실업 출판사의 나카오 씨에게는 정말 많은 도움을 받았다. 두 사람이 없었더라면 이 책은 세상에 나오지 못했을 것이다. 이런 형식적인 감사로는 부족하다고 생각지만, 일단 여기에 감사의 말을 남긴다.

그리고 문장이 막혔을 때 다양한 아이디어를 제공하고 조언을 해 준, 문제 해결 전문가인 오타니 씨, 볼륨 업 브레인사 대표인 호소다 씨에게도 이 자리를 빌려 깊은 감사의 말씀을 드리고 싶다. 두 사람에게 받은 아이디어가 이 책에 담겨 있다.

그리고 내가 연 세미나나 연수를 통해 얻은 경험도 많이 실으려 노력했다. 나의 연수 기술과 노하우는 라이브 강사® 실천회 대표인 데라사와 씨, 세미나 디자이너 노무라에게 받은 것들이다. 아둔한 제자 때문에 두 분이 많은 고생을 했으리라 생각한다. 역시 두 분께도 이 자리를 빌려 감사의 인사를 드린다.

마지막으로, 기술사 강좌 수강생들에게 늘 해주는 말로 마무리를 짓고자 한다.

Where there's a will, there's a way.
의지가 있는 곳에 길이 있다.
-에이브러햄 링컨

참고문헌

『구스타프 에펠, 파리에 대기념탑을 세운 남자』, 니시무라 쇼텐, 앙리 루아레트 저, 이이다 기시로·니와 가즈히코 옮김

「일본 기술사회 홈페이지」

「일본 기계학회 홈페이지」

『일이 빨라진다! C부터 시작하는 PDCA』, 일본 능률협회 매니지먼트 센터, 일본 능률 협회 매지니먼트 편집

『기술사 윤리』, 방송 대학 교육 진흥회, 후다노 준 저

『기술사 윤리 입문』, 마루젠, 고이데 야스시 저

『사고로 배우는 기술사 윤리』, 공업조사회, 나카무라 마사요시 저

『자신의 작은 '상자'에서 탈출하는 방법』, 다이와쇼보, 어빈저 인스티튜트 저, 도미나가 호시 옮김

「실패 지식 데이터베이스」(http://www.shippai.org/fkd/index.html)

『스위치 켜져 있습니까?』, 교리츠 출판사, G·M·와인버그 저, 기무라 이즈미 옮김

『정말로 도움이 되는 TRIZ』 일간 공업 신문사, TRIZ 연구회 편

『감동을 파세요』, 행복의 과학 출판사, 아네트 시몬즈 저, 가시와기 유우 옮김

『심플 프레젠테이션』, 일경BP사, 가 레이놀즈 저

『세계 최고의 프레젠테이션 교실』, 일경BP사, 가 레이놀즈 저

『'초' 발상법』, 고단샤, 노구치 유키오 저

『초'초' 발상법』, 고단샤, 노구치 유키오 저

『아이디어의 힘』, 일경BP사, 칩 히스&단 히스 저, 이이오카 미키 옮김

『현대용어의 기초지식 2015』, 자유국민사

『레시피 공개 '이에몬'과 절대 밀담 '코카콜라'와 무엇이 다른가? 특허·지식재산권 최신 상식』, 신초샤, 아라이 노부아키 저

『처음 지적재산법』, 자유국민사, 오자키 데쓰오 저

『영구기관의 꿈과 현실』, 발명협회, 고토 마사히로 저

『엔지니어가 30세까지 익혀야 하는 것들』, 일본실업출판사, 시이키 가즈오 저

『엔지니어의 공부법』, 일본실업출판사, 기구치 마사노리 저

『'이과'로 전직』, 다이와쇼보, 쓰지 노부유키+조몬어소시에이츠 공저

『'심리 테스트'는 거짓이었습니다』, 일경BP사, 무라카미 요시히로 저

『직장학습론』, 도쿄대학출판회, 나카하라 준 저

『도쿄대학에서 탄생한 궁극 엔트리시트』, 일간공업신문사, 나카오 마사유키 외 저

『긍정주의자는 왜 성공하는가?』, 판로링

주식회사, 마틴 셀리그먼 저, 야마무라 요시코 옮김

『기술사 독립·자영법』, 무月堂書房, 모리타 유지 외 저

『변리사가 되고 싶은 사람에게』, 법학서원, 쇼바야시 마사유키 저

『0에서 1을 만드는 사고법』, 미카사쇼보, 나카오 마사유키 저

『기술경영론』, 도쿄대학출판회, 니와 기요시 저

『거짓은 들킨다』, 다이아몬드사, 이타마르 시몬슨, 엠마누엘 로젠 공저, 치바 도시오 옮김

『배신의 과학자들』, 고단샤, 윌리엄 브로드, 니콜라스 웨이드 공저, 마키노 겐지 옮김

『기술을 무기로 한 경영』, 일본경제신문출판사, 이타미 히로유키·모리나가 히로시 공저

『기술자를 위한 매니지먼트 입문』, 일본경제신문출판사, 이타미 히로유키·모리나가 히로시 공저

『세상에서 가장 이노베이티브한 조직 만드는 법』, 고분샤, 야마구치 슈 저

『세계에서 가장 도움이 되지 않는 발명집』, 블루스 인터액션즈, 아담 하트 데이비스 저, 다나카 아쓰코 옮김

『과학이 재판 받을 때』, 벨 저, 이야마 히로유키 옮김

『과학과 망상』, 와세다대학 인문자연과학연구제28호, 고야마 게이타 저

『이노베이션의 딜레마』, 쇼에이샤, 클레이튼 크리스텐슨 저, 이즈하라 유미 옮김

『설계의 지식경영』, 일간공업신문사, 나가오 마사유키·하타무라 요타로·핫토리 가즈타카 공저

『트리즈(TRIZ) 발명 원리』, 디스커버 21, 다카기 요시노리 저

『스웨덴식 아이디어북』, 다이아몬드사, 프레드릭 회렌 저, 나베노 가즈미 역

『실패백선』, 모리키타 출판, 나가오 마사유키 저

『실패는 예측 가능하다』, 고분샤, 나가오 마사유키 저

『기술이란 무엇인가』, 옴사, 오와 다케시 저

『신 기계기술사』, 일본기계학회, 아마노 다케히로·오가타 마사노리 외 공저

『갈릴레오의 손가락』, 하야카와쇼보, 피터 앳킨스 저, 사이토 다카오 옮김

『이노베이션의 최종해』, 쇼에이샤, 클레이튼 크리스텐슨·스콧 앤소니·에릭 로스 공저, 사쿠라이 유코 옮김

그 외 인터넷의 각종 정보

이 시리즈는 해동과학문화재단의 지원을 받아 NAEK 한국공학한림원과 다산사이언스가 발간합니다.

최고의 엔지니어는 어떻게 성장하는가

일류 기술사가 알려주는 엔지니어 성장 로드맵

초판 1쇄 인쇄 2018년 9월 12일
초판 1쇄 발행 2018년 9월 18일

지은이 다루미 슈사쿠
옮긴이 김윤정
펴낸이 김선식

경영총괄 김은영
기획편집 이수정 **책임마케터** 이고은, 기명리
마케팅본부 이주화, 정명찬, 최혜령, 이고은, 김은지, 김민수, 배시영, 유미정, 기명리
전략기획팀 김상윤
저작권팀 최하나, 추숙영
경영관리팀 허대우, 권송이, 윤이경, 임해랑, 김재경, 한유현
외부스태프 표지·본문디자인 책과이음

펴낸곳 다산북스 **출판등록** 2005년 12월 23일 제313-2005-00277호
주소 경기도 파주시 회동길 357 3층
전화 02-704-1724
팩스 02-703-2219 **이메일** dasanbooks@dasanbooks.com
홈페이지 www.dasanbooks.com **블로그** blog.naver.com/dasan_books
종이 ㈜한솔피앤에스 **출력·인쇄** 민언프린텍

ISBN 979-11-306-1890-6 (04500)

다산북스(DASANBOOKS)는 독자 여러분의 책에 관한 아이디어와 원고 투고를 기쁜 마음으로 기다리고 있습니다.
책 출간을 원하는 아이디어가 있으신 분은 이메일 dasanbooks@dasanbooks.com 또는 다산북스 홈페이지 '투고원고'란으로
간단한 개요와 취지, 연락처 등을 보내주세요. 머뭇거리지 말고 문을 두드리세요.